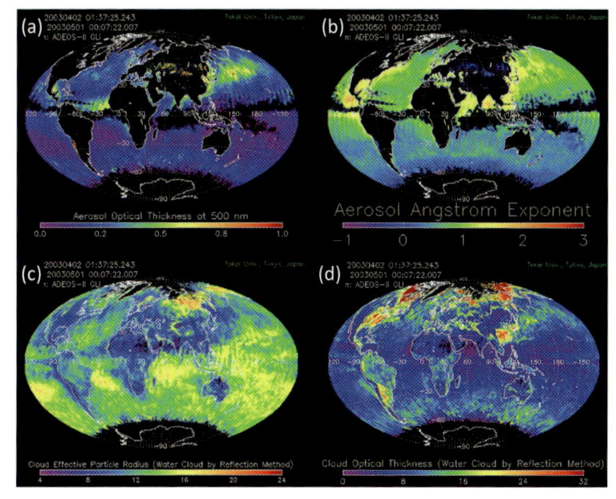

口絵 1　GLI データから推定されたエアロゾル特性，雲特性［本文図 2.4 参照］

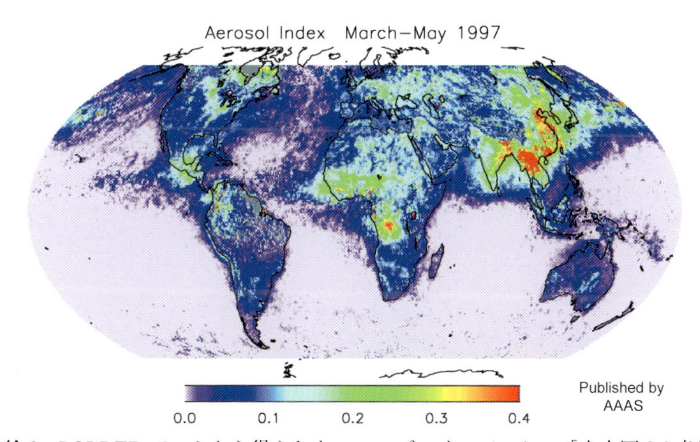

口絵 2　POLDER データから得られたエアロゾルインデックス［本文図 2.9 参照］

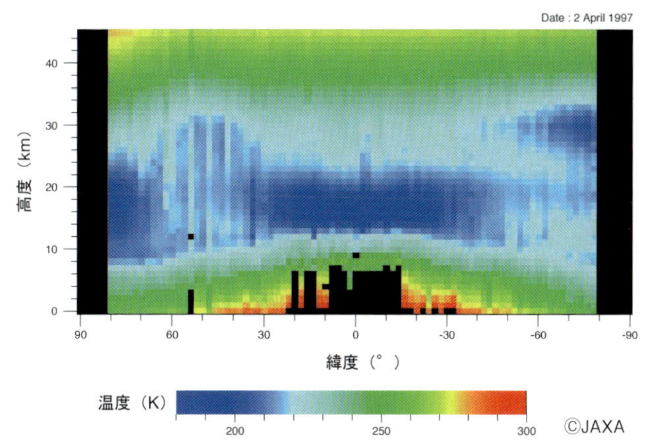

口絵 3　「みどり 2 号」が観測した気温の鉛直分布［本文図 2.15 参照］

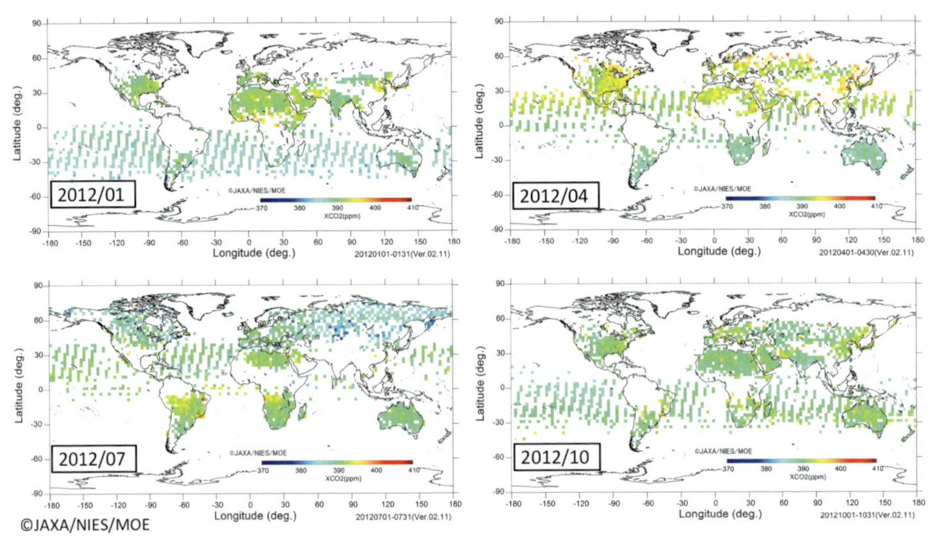

口絵 4 「いぶき」から推定された二酸化炭素の鉛直積算平均濃度［本文図 2.17 参照］

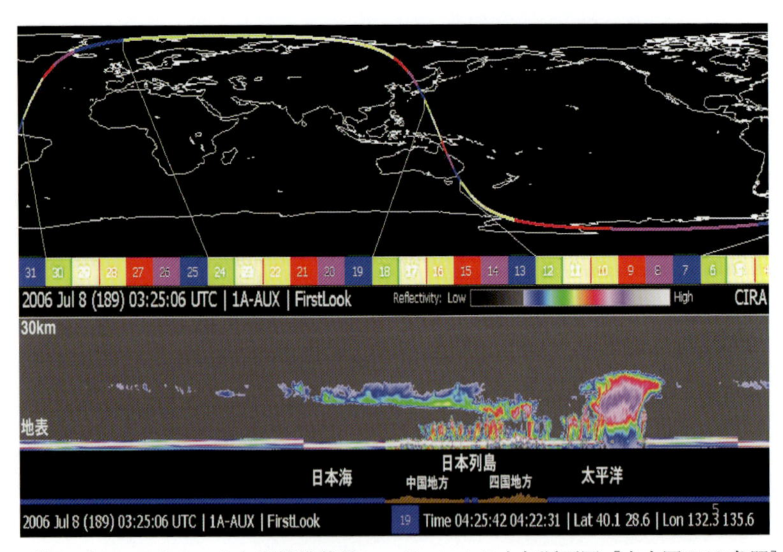

口絵 5 「クラウドサット」衛星搭載雲レーダーによる大気断面図［本文図 2.20 参照］

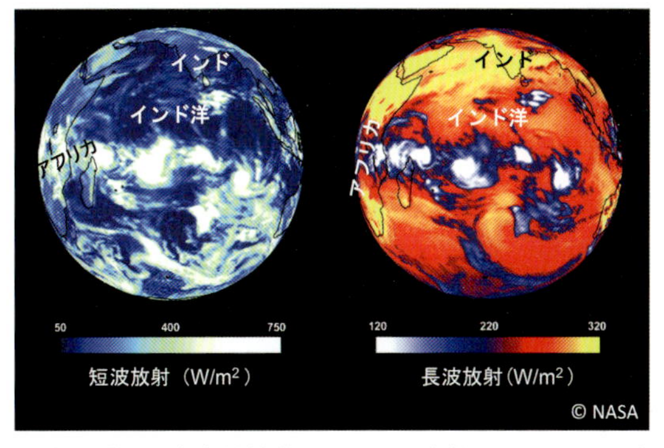

口絵 6　「テラ」衛星搭載 CERES で取得されたインド洋における短波放射と長波放射（2003 年 2 月 11 日，NASA Langley Research Center）［本文図 2.25 参照］

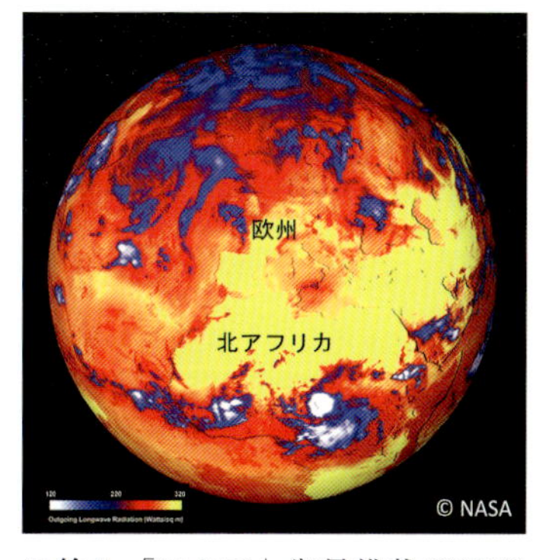

口絵 7　「アクア」衛星搭載 CERES が捉えた熱波（OLR）（2003 年 8 月 4 日，NASA Langley Research Center）［本文図 2.26 参照］

(a)　可視光で推定した雲の光学的厚さ　(b)　地上における下向き短波放射（計算値）　(c)　大気上端における上向き短波放射（計算値）

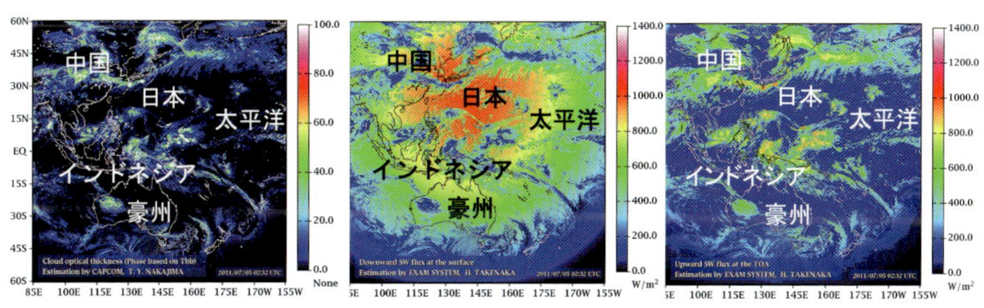

2011年7月5日　02:32（UTC）　アジア・オセアニア域

口絵 8　気象衛星データから得られた雲特性と短波放射（2011 年 7 月 5 日，アジア・オセアニア域）（Takenaka et al., 2011）［本文図 2.27 参照］

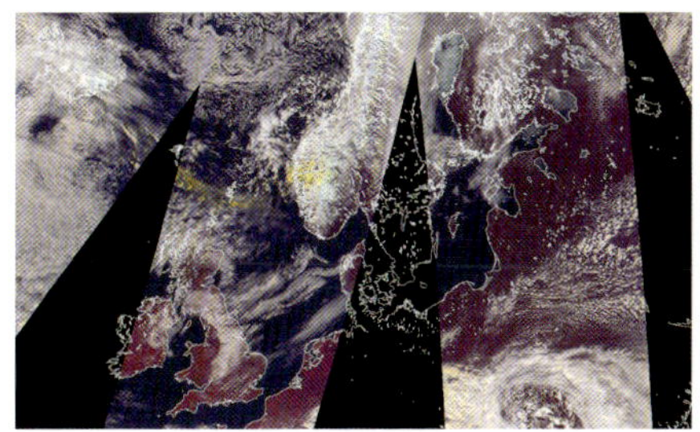

2010年4月15日　　2010年4月16日

口絵 9　「いぶき」が観測したアイスランド噴火［本文図 2.32 参照］

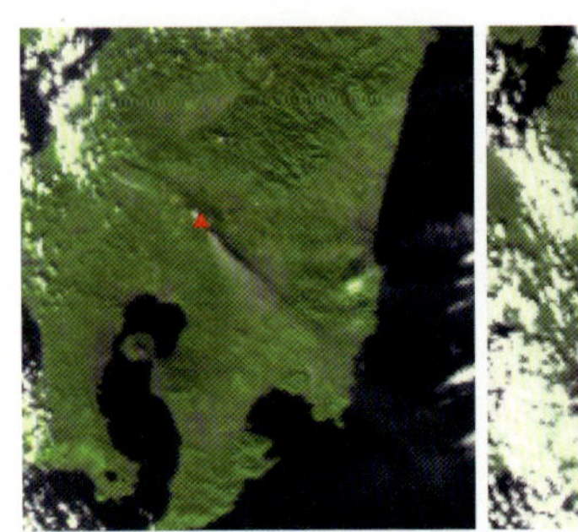

口絵 10　「いぶき」が捉えた霧島山の噴煙の様子（観測波長はRGB：band2, band3, band1. 画像は国立環境研究所作成）［本文図 2.33 参照］
左：2011 年 1 月 26 日, 右：同年 1 月 29 日.

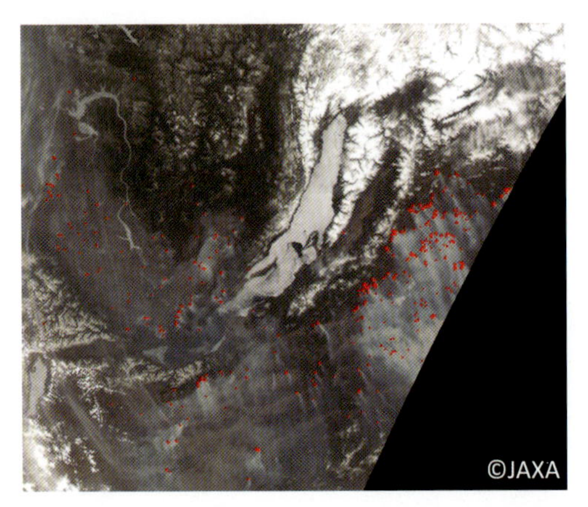

口絵 11　「みどり 2 号」が捉えたバイカル湖火災［本文図 2.34 参照］

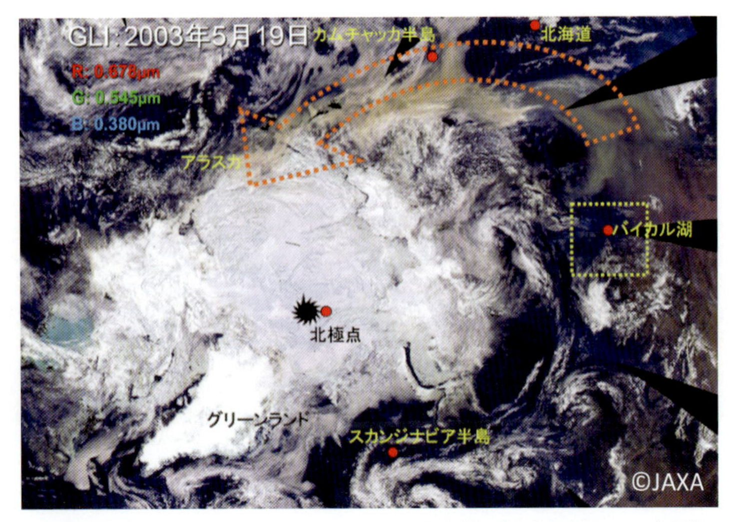

口絵 12　「みどり 2 号」が捉えたバイカル湖火災の煙［本文図 2.35 参照］

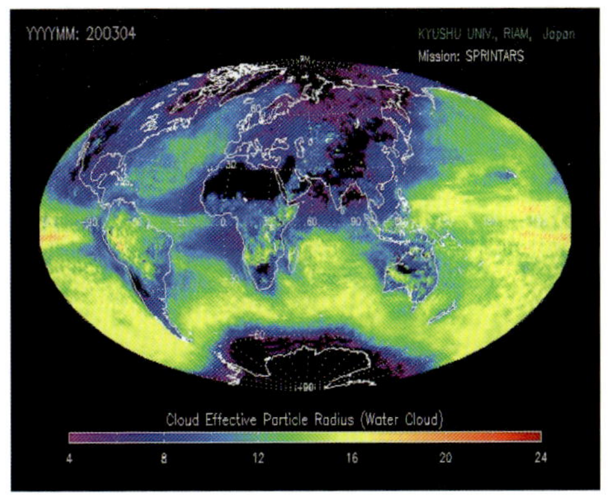

口絵 13　SPRINTARS による雲粒子半径の再現（データ：九州大学・竹村俊彦氏提供）［本文図 2.36 参照］

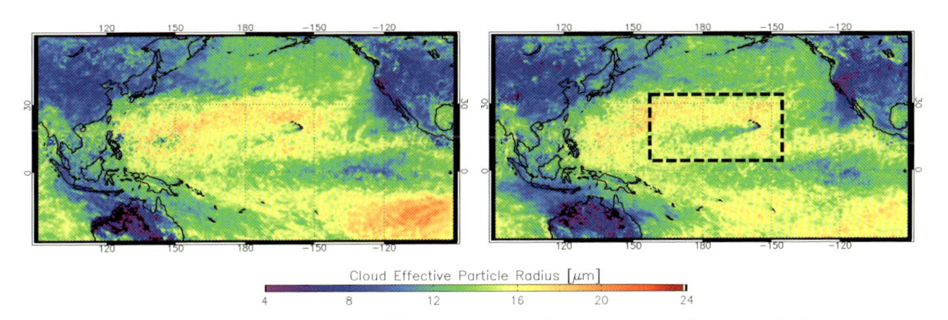

口絵 14　キラウェア火山の噴煙による雲粒子半径の減少［本文図 2.37 参照］

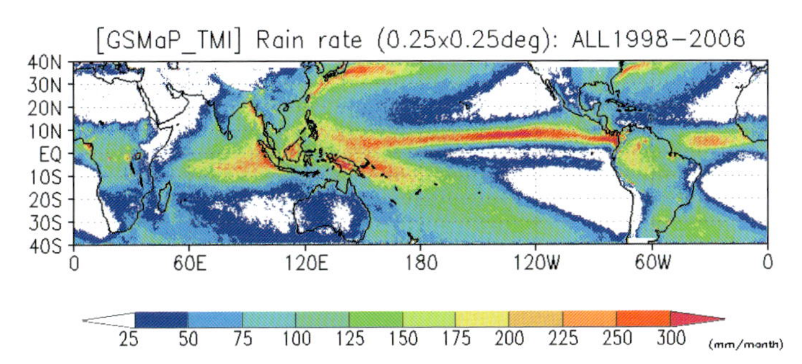

口絵 15　衛星データによる世界の年降水量分布の例（JAXA ホームページより）［本文図 3.8 参照］

口絵 16　衛星データによる降水分布．気象衛星の赤外雲画像に重ねている．(2008 年 10 月 9 日世界時 18：00 ～ 19：00；JAXA ホームページより)［本文図 3.9 参照］

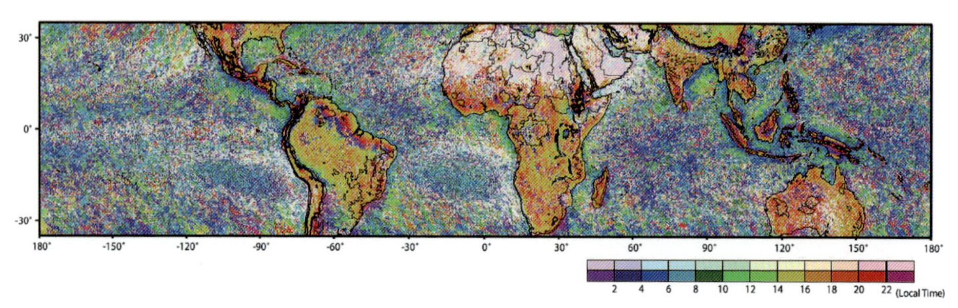

口絵 17　TRMM による降水の日周変化．降水の多い地方時により色分け［本文図 3.11 参照］

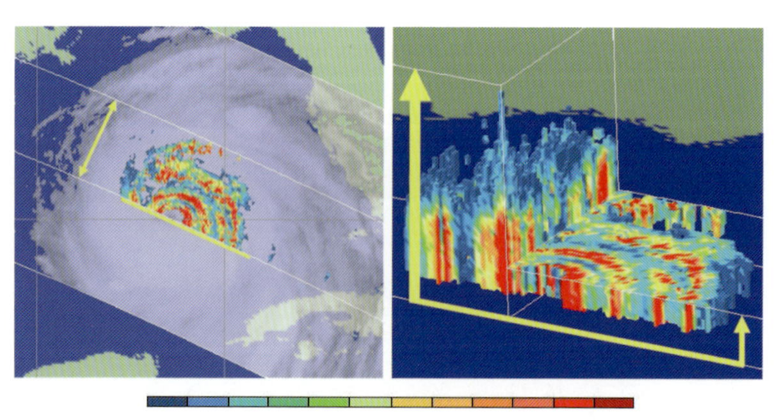

口絵 18　「TRMM」降雨レーダーによるハリケーン・カトリーナの画像（JAXA ホームページより）［本文図 3.13 参照］

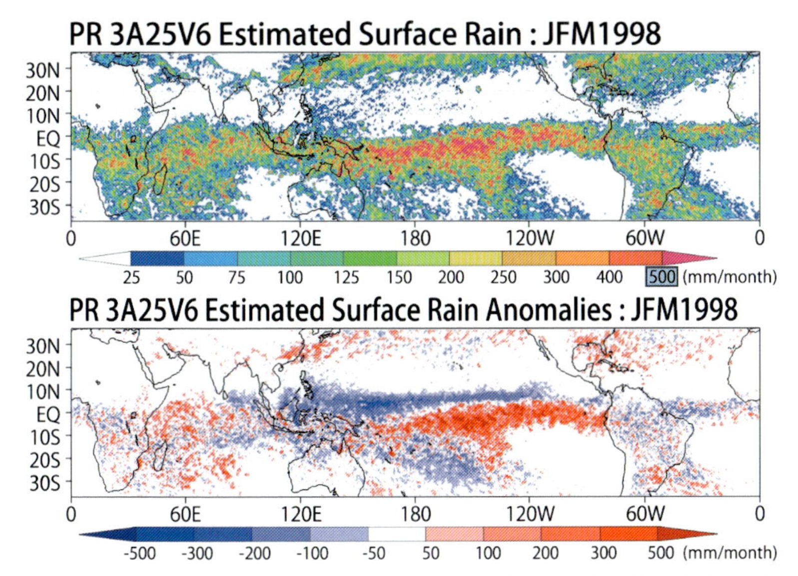

口絵 19　エルニーニョ時の降水分布（上：1997 年 12 月～ 1998 年 2 月），および平年の分布からの偏差（下）（JAXA ホームページより）［本文図 3.16 参照］

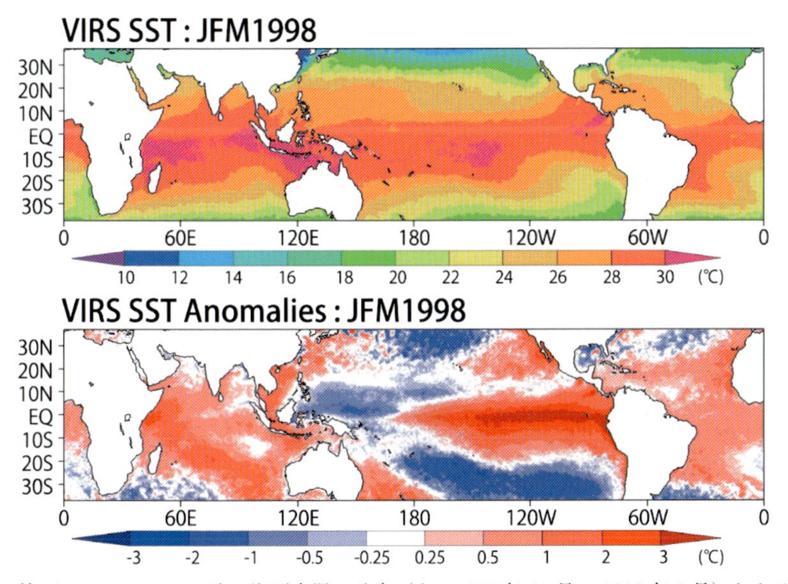

口絵 20　エルニーニョ時の海面水温の分布（上：1997 年 12 月～ 1998 年 2 月）および平年の分布からの偏差（下）（JAXA ホームページより）［本文図 3.17 参照］

口絵 21　「ひまわり 8 号」が初めて捉えた地球［本文図 4.1 参照］

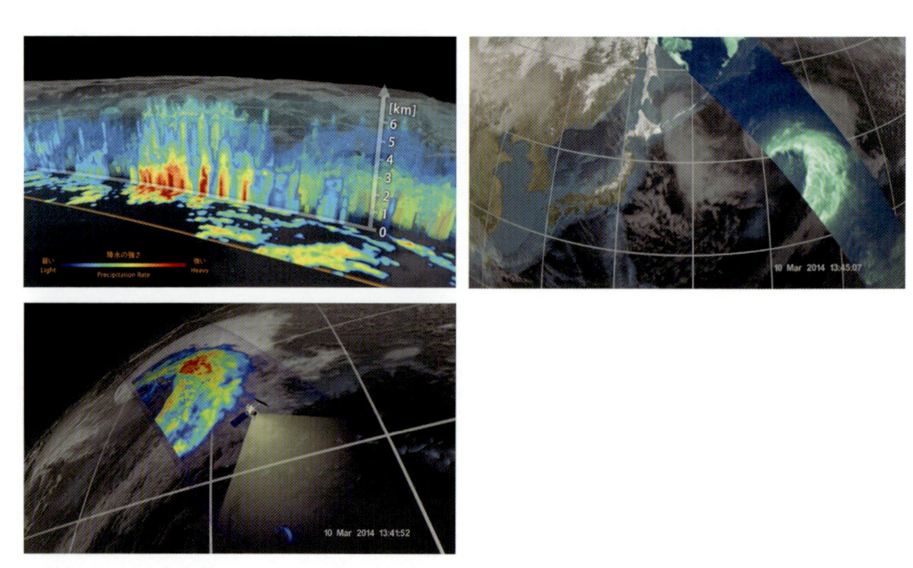

口絵 22　GPM 主衛星による 2014 年 3 月 10 日世界時 13：30 頃の日本の東海上の低気圧に伴う降水の観測例（JAXA，NASA ホームページより）［本文図 4.3 参照］

左上：二周波降水レーダーによる画像，右上：マイクロ波放射計の 36 GHz チャンネルによる画像，下：マイクロ波放射計による推定地上降雨強度.

③

大気と雨の衛星観測

中澤哲夫［編］

中島　孝
中村健治［著］

朝倉書店

編者序文

1960年気象衛星TIROS（タイロス）1号が打ち上げられてから半世紀あまり，その後地球を探査する技術は，大きな科学的・技術的進歩をしてきました．そして，わたしたちは毎日のように，静止気象衛星「ひまわり」の画像を目にすることができます．地球を宇宙から眺めることはごく当然といった世の中に暮らしています．

こうしたなかで，地球観測衛星によって何がわかるのか，何が測れるのか，どのような原理なのか，最新の観測技術は？　など，多くの疑問をお持ちの方もいらっしゃるのではないでしょうか．残念ながら，これらのきわめて基本的なことにきちんとこたえてくれる読み物がこれまでほとんどといっていいくらい出版されてきませんでした．

残念なことに，このような傾向は地球観測衛星に限ったことではなく，近年あらゆる学問分野にみられる共通の問題です．学問はどんどん深化し細分化していくため，わかりやすい解説書，正確に最新の成果を伝える啓蒙書の出版は追いついていけない状況にあるからです．

また，地球温暖化問題が深刻化して，その解決が待ったなしの状況のもと，地球を正確に診断することは今日きわめて大切なことです．その意味では，地球観測衛星の役割はかつてなく重要になっているといえるでしょう．

そこで，本書では，最新の知見をわかりやすく伝えることをめざして，地球観測衛星のなかでも，その中心的な位置を占める，大気そして雨を観測する衛星に絞り，それぞれその方面の研究で指導的な役割を果たしてこられている先生お二方に執筆していただきました．地球観測衛星に関する書であることから，今回は特別に巻頭にカラー口絵を8ページ入れていただきました．地球上のさまざまな大気物質を可視化するうえでカラー表示は欠かせないとの，先生方からの強い要望によるものです．

中島　孝先生は，これまで地球観測衛星を使って雲やエアロゾル観測の研究を推進されてきました．近年は，複数の衛星搭載センサーを用いて，雲粒の成長過程を明らかにし，雲から降雨までの連続的な衛星観測手法を開発した研究が世界的な反響を呼んでいます．

中村健治先生は，世界に先駆けて宇宙から熱帯での雨を直接観測することに成功した熱帯降雨観測衛星「TRMM」，そしてさらにそれを中高緯度にまで拡張した全球降水観測計画「GPM」という日米共同の2つの観測衛星計画に深く関わってこられました．

本シリーズ，「気象学の新潮流」は専門書ではなく，気象予報士や学部学生などを対象に，できるだけ読みやすい読み物をめざして刊行されてきております．数式も含まれてはいますが，コラムなどを使って難しくならないよう配慮しております．本書が，地球観測に興味を持たれている方々に広く読まれることを祈念してやみません．

2016年5月

中澤哲夫

まえがき

筆者のひとりである中島は1994年に宇宙開発事業団（現 宇宙航空研究開発機構）に職を得た．当時の勤務先は埼玉県比企郡鳩山町にある地球観測センターであった．なだらかな丘に囲まれた盆地にある地球観測センターには街の光が入り込まず，星空の観測にうってつけの場所であった．ある秋の日の夕暮れ時，勤務を終えて帰路に就こうとした矢先にふと空を見上げると，天空を南北に縦断する人工衛星を目にすることができた．初めて自分の眼で見た人工衛星にちょっとした感動を覚えたものである．

さて，本書は人工衛星による大気観測と雨観測の特集である．従来の衛星観測の教科書は，陸地や海などの地球表面の観測に焦点を当てたものが多かったが，本書では気象学に馴染み深い大気と雨の観測に焦点を当てている．主な観測対象は，大気分子成分，エアロゾル，雲，雨，である．面白いことに，従来の地球表面観測においては，上記の観測対象はノイズ成分であり，観測データから「除外されるべきもの」であった．ところが近年，大気そのものが観測対象物になってきた．その理由の１つは，搭載センサーの機能と性能の向上である．例えば日本では1987年に打ち上げられたMOS-1を皮切りに衛星地球観測の歴史が始まったのであるが，この衛星に搭載されたVTIRセンサーのバンド数はわずか4であった．その後1996年に打ち上げられたADEOS衛星OCTSセンサーは12バンド，2002年に打ち上げられたADEOS-Ⅱ衛星GLIセンサーは36バンドの仕様となっている．大気観測が可能になったもうひとつの理由は，電磁波散乱理論と放射伝達理論の精緻化，そして計算機の高速化である．電磁波の世界では大気分子成分，エアロゾル，雲，雨などは散乱体として扱われるため，観測精度は放射伝達計算の精度に大きく依存する．理論の発展と計算機の高速化により，大気中で散乱され衛星搭載センサーに検知される電磁波を精度良く，速く計算することができるようになった．このプロセスを逆にたどることで大気中にどのような散乱体がどれだけ存在していたかがわかる．

本書では，人工衛星を使った大気観測をできるだけ平易なことばで記している．「大気観測はどのようにして可能になったのか」といった素朴な疑問にも答えられるように留意した．第1章では放射伝達と衛星軌道について記述した．複雑な数式を持ち出して詳細に言及するのではなく，大気観測の仕組みを直感的に理解できるような構成にした．第2章では，大気の代表的な観測対象である台風，水害，エアロゾルの観測について紹介し，そして偏光情報の活用や高波長分解能分光器による観測へと話をつなげた．さらに，近年登場したライダーやレーダーなどの能動型のセンサーの最新情報についての記述を加えた．第3章は降水に特化した内容となっている．多くの大気現象のなかでも，降水は最も重要なものの1つである．降水観測の重要性，観測原理，代表的なセンサー，そしてこれまでに得られた成果について詳解した．第4章にはこれからの衛星観測についての記述を加えた．

本書は衛星を用いた雲観測を長年続けている中島と，降雨の衛星観測に従事している中村が分担執筆した．想定した読者像は，衛星による大気観測に興味のある大学の学部生および大学院生，衛星画像を目にしたり活用したりする機会の多い気象予報士の皆さん，等である．

人工衛星による地球観測が始まって半世紀以上が経過した．なぜ大気の観測でこれほどに人工衛星が重要視されるのか，という問いに対する答えを提供できていれば幸いである．

本書の執筆においては多くの研究者と研究機関のご協力を頂いた．高波長分解能分光器の説明では気象研究所の太田芳文氏と宇宙研究開発機構の久世暁彦氏に図の提供をして頂いた．ライダー＋レーダーによる雲識別の図については九州大学の岡本　創氏と宇宙航空研究開発機構の萩原雄一朗氏にご協力を頂いた．SPRINTARSによる雲特性再現図の元データは九州大学の竹村俊彦氏から頂いた．紫外線のコラムの図は東海大学の竹下秀氏に提供頂いた．主な火山噴火のリストアップでは宇宙航空研究開発機構の中島映至氏のご協力を頂いた．1986年の伊豆大島三原山噴火当時の様子については東海大学の坂田俊文氏にお話しをうかがった．航跡雲が発生する瞬間を捉えた珍しい写真は千葉大学の高村民雄氏に提供頂いた．衛星から推定された日射量の図については宇宙航空研究開発機構の竹中栄晶氏が作成した．そのほかにも，宇宙航空研究開発機構，国立環境研究所，アメリカ航空宇宙局，コロラド州立大学，気象庁，Science誌などからも図表の掲載についてご了解を頂いた．この場を借りて御礼を申し上げたい．また，世界気象機関の中澤哲夫氏には本書の企画から校正にいたる全ての段階で監修・編集作業に関わって頂いた．厚く御礼を申し上げたい．最後に，いつも私の健康を気づかい，励ましてくれる妻，しのぶに感謝する．

2016年5月

中島　孝

目　　　次

1.　衛星観測のしくみ ―――――――――――――――――――――――――――――――――― 1

1.1　概要　　1

1.2　電磁波で大気を観る　　2

1.3　大気の窓領域　　5

1.4　放射伝達　　6

1.4.1　電磁波散乱理論　　6

1.4.2　放射伝達理論　　7

1.5　衛星の軌道　　8

1.5.1　気象観測で使われる 2 種類の軌道　　8

1.5.2　軌道を高等学校の物理で理解する　　10

1.6　気象学における衛星利用　　13

2.　大気の衛星観測 ――――――――――――――――――――――――――――――――――― 17

2.1　イメージングセンサーで見た地球の姿　　17

2.1.1　概要　　17

2.1.2　気象研究におけるイメージングセンサーの役割　　18

2.1.3　台風の観測　　20

2.1.4　水害の観測　　21

2.1.5　エアロゾルの観測　　21

2.2　大気の偏光観測　　24

2.2.1　概要　　24

2.2.2　いくつかの偏光状態　　24

2.2.3　偏光情報からわかる地球物理量　　26

2.2.4　POLDER と SGLI　　26

2.3　高波長分解能分光器による大気観測　　28

2.3.1 概要 28
2.3.2 吸収線 29
2.3.3 高波長分解能センサー 31
2.3.4 温度の鉛直分布の推定 32
2.3.5 分子成分の鉛直積算量推定 35
2.4 ライダーと雲レーダー 39
2.4.1 概要 39
2.4.2 能動型センサー 39
2.4.3 ライダーによる大気観測 39
2.4.4 レーダーによる雲の観測 42
2.5 衛星による放射収支の測定 49
2.5.1 概要 49
2.5.2 放射平衡 50
2.5.3 放射の影響パラメータ 51
2.5.4 衛星観測で放射収支を推定する 52
2.6 環境汚染，地球温暖化 57
2.6.1 概要 57
2.6.2 エアロゾル間接効果 57
2.6.3 大気環境の観測 58
2.6.4 温暖化予測における雲の不確定性 64

3. 降水の衛星観測 ―――― 70
3.1 概要 70
3.2 降水観測衛星と軌道 71
3.2.1 概要 71
3.2.2 軌道 72
3.2.3 衛星 76
3.2.4 衛星の寿命 78
3.2.5 衛星搭載降雨レーダー 82
3.2.6 マイクロ波放射計 85
3.2.7 アルゴリズム開発 89
3.3 衛星観測による降水の特性 94

3.3.1　概要　94
3.3.2　世界の降水分布　94
3.3.3　降雨頂の分布　96
3.3.4　熱帯の雨と温帯の雨　97
3.3.5　陸上の雨と海上の雨　99
3.3.6　台風　100
3.3.7　潜熱放出　101
3.3.8　中高緯度の低気圧　103
3.3.9　降水の季節変動，年々変動　104
3.3.10　地球温暖化と降水　107
3.3.11　TRMM の成果　113
3.4　レーダーとは何か　115
3.4.1　概要　115
3.4.2　レーダーの特徴　115
3.4.3　レーダーの受信電力　116
3.4.4　散乱断面積　120
3.4.5　降雨減衰　121
3.4.6　レーダー受信機の帯域と雑音レベル　122
3.4.7　降雨強度とレーダー反射因子　125
3.4.8　降雪の観測　128
3.4.9　レーダー信号の変動　129
3.4.10　繰り返し周波数　131
3.4.11　他のレーダー機能　131

4.　衛星からの新しい降水観測 ―――――――――――――――― 136
4.1　衛星観測と気象　136
4.1.1　概要　136
4.1.2　新しい静止気象衛星が拓く気象学　136
4.2　全球降水観測計画（GPM）　140
4.2.1　概要　140
4.2.2　GPM の概要　141
4.2.3　GPM 主衛星と搭載センサー　142

4.2.4 おわりに：衛星による降水観測の将来 149

略語表 155
参考文献 157
あとがき 161
索引 163

◆コラム◆

1◆衛星観測シミュレーター 8
2◆衛星データの容量 12
3◆検知器の種類と感度波長範囲 23
4◆処理レベルに応じたデータの名称 37
5◆紫外線が強いのは快晴時？ 56
6◆衛星データのフォーマット 69
7◆衛星の軌道要素 75
8◆衛星の打上げ 80
9◆雲と降水 108
10◆平均の降水量 111
11◆デシベル 121
12◆周波数帯の呼び名 134
13◆データ検索の方法 150
14◆平成9（1997）年9月関東・東北豪雨 152

1 衛星観測のしくみ

1.1 概　　要

気象予報や気象研究の実施において，大気や地球表面の観測が重要であることは論をまたない．近年では従来行われている地上測器からの気象観測に加えて，航空機による観測や衛星による観測，すなわちリモートセンシング手法が活用されるようになってきた．リモート（遠隔）・センシング（探査）とは，直接観測対象物に触れない非接触型の計測である．観測対象物からやってくるエネルギーをセンサーで検知するわけだが，そのエネルギーの正体は電磁波である．地球観測で観測される電磁波は，地球の表面や大気で散乱された太陽光であったり，地球そのものが発している熱放射やマイクロ波放射であったり，あるいはセンサーみずからが発振した電磁波である場合もある．例えば衛星に搭載された熱赤外センサーが観測するのは，陸面，海，大気から放射される熱赤外領域の「電磁波」である．そのような電磁波の強弱を計算機で解析することで，陸面や海や大気の情報を推定することができる．

センサーに到達する電磁波の強さや波長スペクトルパターンと地球の地表面や大気の状態の関係がわかっていれば，その原理を逆に利用して地球表面や大気の情報を推測できる．ここで複数の波長帯（チャンネル）の観測量（輝度や反射率など）をL，地球の状態に関する情報（例えば地表面や雲の温度，雲粒子，エアロゾル濃度など）をSとすれば，衛星による地球観測は

$$L = F(S)$$

と表現できる．ここでFは，電磁波の散乱や放射伝達で決まる関数である．す

なわち衛星観測，あるいはリモートセンシングというのは，単に L を可視化して眺めるだけではなく，関数 F を

$$S = F^{-1}(L)$$

のように逆に解いて地球の情報 S を推定する作業である．なお，S を推定する作業を「リトリーバル（retrieval）」，このようにして地球に関する情報を得る作業全体を「インバージョン（inversion）」という．

衛星による気象観測を行って地球に関する情報を得るためには，電磁波についての知識が重要であることがわかっていただけたと思う．そこで次項では電磁波の正体について紹介しよう．

◇◇◆ 1.2 電磁波で大気を観る ◆◇◇

電磁波は身のまわりに普通にみることができる物理現象の1つである．例えば私たちが最も身近に感じる電磁波として可視光がある．よく見聞きする，紫外線，可視光，赤外線，マイクロ波はすべて電磁波である．電磁波は電場と磁場が相互に発生原因および結果となり，エネルギーを伝搬する波の総称で，その証拠に干渉，屈折，回折などの波の性質を有している．私たちの目が認識できる光（可視光）は，波長がおおよそ0.4 μm から0.7 μm の範囲にある電磁波である．人が生まれつき備えている電磁波検知器，すなわち人間の目は，波長が短い方から青色，緑色，赤色に分光しながらそれぞれの明るさを認識できるため，脳のなかで明るさとともにカラー画像が結像される．ちなみに可視光よりも短いおおよそ0.4 μm 以下の電磁波を紫外線といい，反対に可視光よりも長い0.7～3 μm を近赤外線，1～100 μm を赤外線という．マイクロ波はさらに波長が長い電磁波で，0.1 mm（100 μm）から約30 cm である（図1.1）．なお，以上の電磁波の呼称区分については，工学分野，情報通信分野，地球科学，宇宙科学の各分野において若干異なることがあるので注意してほしい．

衛星による地球観測では，紫外線からマイクロ波領域の波長が用いられることが多い．この理由としては，まず光源の有無，検知器の有無（コラム3「検知器の種類と感度波長範囲」参照），さらに，大気の透過率が大きい波長帯が存在して，大気を通して地球表面が見通せること，の3つが挙げられる．まず光源についてであるが，可視赤外イメージングセンサーやマイクロ波放射計などの受動型センサーの光源は太陽と地球である．太陽は約5800 K（絶対温度）の

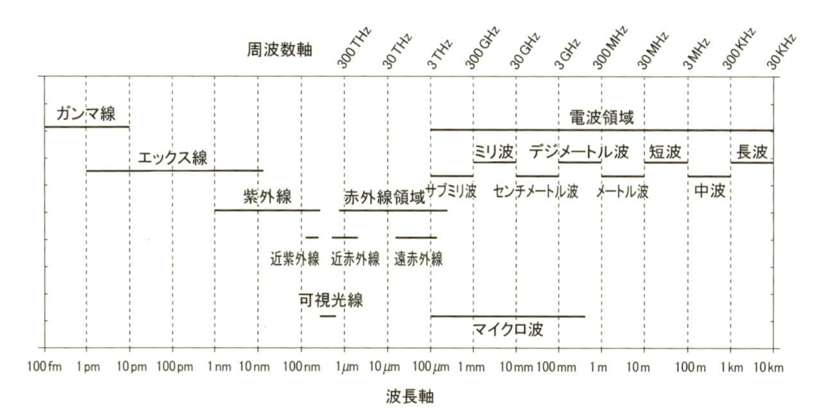

図 1.1　電磁波の波長と呼称

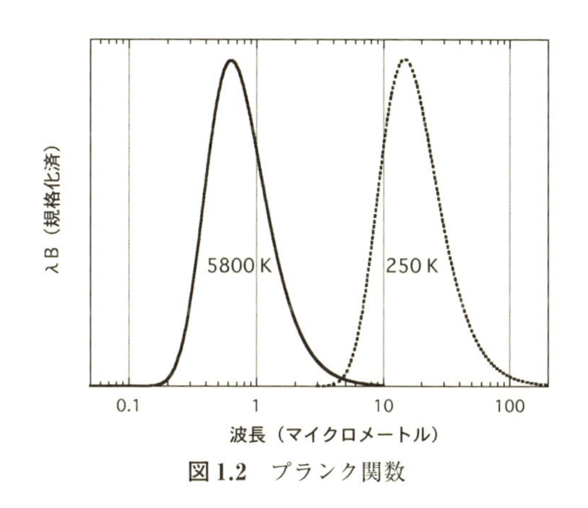

図 1.2　プランク関数

光源，地球は約 250 K の光源とみなすことができる．参考までに，一般家庭で使われる白熱灯は 2000～3000 K の光源に相当する．0 K（－273.15℃）以上の温度をもつすべての物体はその温度に応じた電磁波を自ら発していて，5800 K の太陽および 250 K の地球がそれぞれ射出する電磁波のエネルギー分布はどちらも，あるピーク波長を頂点とする山型になっている（図 1.2）．興味深いことに，エネルギーのピーク波長は物体の温度に逆比例する．これをウィーンの変位則という．例えば，5800 K の光源である太陽放射と 250 K の地球放射のピーク波長はそれぞれ 0.5 μm，および 11 μm 付近であることが図 1.2 からも確認できる．なお，4 μm 付近の近赤外波長を境に，短波長側は太陽起源，長波長側は地球起源，とおおよそ二分できるため，便宜上それぞれ短波領域を太陽放射，長波領域を地球放射と呼ぶことがある．可視赤外イメージングセンサーやマイクロ放射計などの受動型センサーは，観測対象物で散乱された太陽放射，あるいは観測対象物自体が射出する地球放射という電磁波を利用した観測を行っている．センサーみずからが電磁波を発し，観測対象物から跳ね返ってくるシグナルを計測する測器を能動型センサーあるいはレーダーとよぶ．この観測方式については2.4節で改めて紹介する．

衛星による地球観測を行うメリットは何であろうか．例えば地上に無数の観測地点を設けることで必要なデータが得られるかもしれない．しかし，5億1000万 km^2 という広大な地球表面を網羅するためには膨大な数の観測器が必要となり，設置することも，管理することも現実的でない．海洋域や山岳，人が住んでいない地域への観測器の設置も難しい．その点，数百 m から数 km の地上解像度でほぼ全球を網羅できる衛星観測には大きなメリットがある．反面デメリットもある．直接的な困難の1つに，宇宙空間に打ち上げた後の衛星や衛星搭載センサーは手直しできないという問題がある．また，衛星を宇宙空間まで運搬するロケットは振動が大きく，決して乗り心地のよい輸送手段ではない．激しい熱環境の変化や宇宙線などの問題もある．このように不具合を起こす要素が多くあるにもかかわらず，何か起こってしまったときの対処方法は限られる．例えば不具合を起こした衛星を回収したりエンジニアが宇宙に出向いて修理したりすることは，あまり現実的ではない（ハッブル宇宙望遠鏡をスペースシャトルで修理した例はある）．センサーに不具合が発生した場合，遠隔指令によって衛星やセンサーに関する情報を集め，地上に伝送した各種データを補正することによって各種の困難を解決する．ある程度の不具合に対処できるようにするためいくらかの機器は冗長設計となっている．また，軌道上で何か問題が起きたときに，それを地上で再現できるように，打ち上げたセンサーと同等の機器を手元に残しておくことも行われる．次に，遠隔探査であるゆえの困難もある．観測対象に接触して計測する直接観測とは異なり，遠隔探査は間接観測である．したがって，観測シグナルから意味のある情報を取り出すために，仮定をする．この仮定が不確定要素のひとつとなりうる．この困難を克服するために，衛星観測（間接）と地上計測（直接）の結果を比較して衛星観測の精度を確認したり補正する検証作業が行われる．

◇◇◆ 1.3 大気の窓領域 ◆◇◇

地球の大気上端まで到達してきた太陽放射は，そのまま素直に地上に達するわけではない．地球表面を覆う約 100 km 厚の大気層によって太陽放射は吸収と散乱を受け，地表に達するまでに減衰する．そのとき，ある波長はあまり減衰せず，ある波長は大きく減衰するといった不均質な振る舞いをみせる．例えば図 1.3 に示すように，0.3 μm よりも短い紫外線は，地球大気成分と強く相互作用するためにほとんど地上に達しないが，波長が 0.3 μm より長くなるにしたがって地上まで達するようになり，それがおおよそ 1.0 μm あたりの波長まで続く．波長 1.0 μm から 4.0 μm の範囲では，ある波長帯では大気分子による強い吸収を受け，またある波長帯では吸収を受けずに地上に達するという複雑な様態を示す．以上のことは，宇宙から地球を観測する場合に観測波長を慎重に選ばないと地表面が見えないことを意味している．大気による散乱や吸収をあまり受けずに，地上まで到達できる波長領域を「大気の窓」(atmospheric window) と呼ぶ．近紫外線から赤外線の範囲であれば，まずは近紫外線から可視光線の範囲，そして近赤外線の一部（1.1 μm 帯，1.6 μm 帯，2.2 μm 帯，3.7 μm 帯），さらに赤外線の一部（8.8 μm 帯，10〜14 μm 帯）が大気の窓である．詳しい説明は 2.3.2 節などに譲ることにして，ここでは，「太陽放射あるいは地球放射の一部の波長は大気を透過し，また一部の波長は強い散乱や吸収を受けてほとんど透過しない」ことを知っておくことが大切である．

例えば地表面を観測するためのセンサーは，大気による吸収が少ない大気の

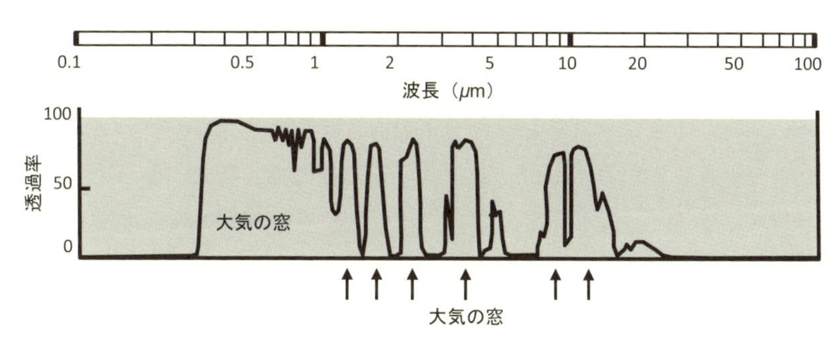

図 1.3 地上での電磁波の波長別透過率．↑の波長が「大気の窓」．

窓領域の波長付近に感度をもつように注意深く設計されている．それがセンサーのチャンネル（バンドともいう）という考え方につながる．例えば地表まで到達する波長帯を3ヶ所選んで，それぞれの波長帯に感度をもつ検知器を置いたセンサーを，3チャンネルのセンサーという言い方をする．実際，可視光領域，1.1 μm 帯，2.2 μm 帯，3.7 μm 帯，8.8 μm 帯，10～12 μm 帯にチャンネルを設けているセンサーが多いのは，その波長が大気の窓領域で，宇宙から地表面が見通せることによる．

◇◇◆ 1.4 放射伝達 ◆◇◇

1.1節で述べたように，リモートセンシングでは観測量 L から地球に関する何らかの情報 S を推定する．L から S を求めるためには，その2つを結びつける関数 F をあらかじめ知っている必要がある．この F のかたちはどのようにすれば求められるのであろうか．さっそくタネ明かしをすると，受動型のセンサーの F は電磁波散乱理論と放射伝達理論を使って計算機上で求めることができる．どちらの理論も近似や経験的なパラメータを含まない基本法則，すなわち第1原理に立脚している．この2つの重要な理論に少し踏み込んでみよう．

1.4.1 電磁波散乱理論

大気中にただ1つの散乱粒子（雲粒など）が存在し，そこに可視光のような電磁波が入射したときを考える．このとき散乱する光の強さ，方向，吸収の割合を記述する理論が電磁波散乱理論である．電磁波散乱は散乱粒子の大きさと波長との比（以後，サイズパラメータという）でおおまかに分類することができる．サイズパラメータが小さいとき，すなわち電磁波の波長に比べて散乱粒子が小さい場合は双極子散乱が起こる．雲粒よりもずっと小さな大気分子による可視光の散乱に相当し，レイリー散乱理論（Rayleigh scattering theory）とも呼ばれる．レイリー散乱の強度は電磁波波長の4乗に反比例するので，短い波長の光ほど大きな散乱を受け，素直には地表面に到達してこない．次に，サイズパラメータが1～数十程度の場合，とくに粒子が球形の場合はミー散乱理論（Mie scattering theory）が適用できる．エアロゾルや雲粒子による可視光の散乱は，概してミー散乱の範囲である．さらにサイズパラメータが大きくなり，数百を超えると幾何光学散乱理論の適用範囲に入ってくる．例えば，虹は可視光の波長に比べてサイズが大きい雨滴による散乱であるから，幾何光学で説明することができる.

電磁波散乱理論は古くて新しい科学である．散乱粒子が「球形」の場合は古典解法（例えばミー散乱理論は1908年発表）が確立されていて，十分な精度で適用することができる．しかし結晶状粒子のような「非球形」の場合，非球形性に起因する理由で厳密解を得ることが難しい．しかも，その形状は多様で，自由度が大きい．また，粒子のサイズが大きくなるにしたがって計算コストが爆発的に増大するという問題も生じる.

1.4.2　放射伝達理論

電磁波散乱理論とセットで用いられるのが放射伝達理論である．この理論を用いることで，大気分子成分，雲粒子，エアロゾル粒子などの散乱粒子によって散乱された電磁波が衛星センサーに到着するまでの様子，つまり関数 F や観測値 L を適切に表現することができる．従来から，大気層を平行平板，すなわち水平方向に無限に同じ大気が広がっていると仮定した計算が行われてきた.

以下に，観測量 L が求められるまでの手順を簡単に紹介しよう.

①計算機に大気モデルと陸面モデルを設定する．そのとき大気は鉛直方向に有限の数の層構造をもたせる（通常10層～50層程度)．平行平板仮定の大気を仮定する場合は層内の水平方向の不均質性は考慮しなくてよい．なお，推定したい地球情報 S は，この時点で何らかのかたちで大気モデルや陸面モデルに含まれている.

②電磁波散乱理論によって，散乱基本量，すなわち散乱光の強さ，方向，吸収の割合が各層毎に計算される.

③散乱基本量を放射伝達理論に入力することで，大気各層における下向き／上向きの放射量が計算される．そのとき，大気の層と層の間，あるいは大気層と地表面の間に発生する多重散乱も考慮される．なお，一般的な受動センサーを用いたリモートセンシングでは，最上層の大気層における上向き放射量こそがセンサーが検知する観測量 L である.

①～③の計算が無事完了したということは，関数 F^{-1} を知ったことと同義であるから，あとは $S=F^{-1}(L)$ を処理すれば地球情報 S が求められる．このように処理の流れは簡単であるが，実際には電磁波散乱理論の複雑さと放射伝達計算の計算コストが衛星リモートセンシングを難しくしている．F^{-1} を安定的

に解くときにもある種の工夫が必要となる．また，平行平板の仮定については，例えば雲の水平サイズが数 km にもなるときは適切であるが，小さな積雲が多数存在するような状況では，3 次元効果を考慮した新しい放射伝達理論が必要となる．近年では，より多波長の観測値 L から多次元の地球情報 S を最適に解く手法の研究が活発に進められている．

コラム 1 ◆ 衛星観測シミュレーター

衛星やセンサーはただ漠然と作られ，打ち上げられているわけではない．実は，観測対象物を必要な精度で確実に捉えるために高度に最適化されているのだ．その最適化の作業で用いられるのが衛星観測シミュレーターである．衛星観測シミュレーターは，観測を模擬できる計算機プログラムである．センサーの最適化を図る理由は 2 つある．1 つは，遠隔探査に起因する各種の不確定性を事前に把握し，最小化させること，もう 1 つは過剰仕様の設定による開発費の増大を防ぐことにある．研究者はシミュレーターを駆使しながら，必要な観測性能が出せる仕様を探る．余裕を多くもたせれば開発費がかさみ，ぎりぎりを狙いすぎればいずれ観測精度に問題が出てくる．地球観測で使われる衛星およびセンサーには新しい観測手法や波長が搭載されることも多く，過去の事例がないか，参考にならないことも多い．そのような状況下における最適化は大変神経を使う作業である．多角的な検討によって妥当な仕様が決まれば，科学者と技術者が協力してそれが実現するような機器を設計図におこしていく．

◇◇◆ 1.5　衛星の軌道 ◆◇◇

1.5.1　気象観測で使われる 2 種類の軌道

気象観測を地上で行うときはセンサーを設置する場所の決定に気をつかう．地球を周回する衛星による観測も同様で，衛星軌道の設定は慎重に行われる．衛星が地球表面から遠く離れるほど一度に観測できる範囲は広くなるが，空間解像度は悪くなる．逆に地球に近い軌道は空間解像度の点で有利になるが，一度に見ることができる範囲が狭く，全球を観測するのに多くの日数を要するようになる．このように衛星の軌道は観測範囲，空間解像度，観測頻度に関係している．気象観測に利用される衛星には，おおまかに分けて 2 種類の軌道がある．1 つめは緯度 0° の赤道上空，高度約 36000 km に打ち上げられる静止軌道（geostationary orbit）である（図 1.4 (a)）．この高度にある衛星は地球の自転と同期して 24 時間で地球を 1 周することになるため，地上の任意の地点から衛星を見上げると，常に同じ場所に衛星が存在するように見える．そのため，このような軌道は静止軌道と名付けられている．静止軌道の衛星による観測は，時間分解能が数十分，あるいは 1 時間毎と高い代わりに，観測範囲は衛星と正対する地球の範囲（ディスクと呼ばれる）に限定される．そのため，全球観測を実施するためには経度をずらしながら数機の静止気象衛星を配置する必要がある．日本の「ひまわり」，欧州の「Meteosat（メテオサット）」，米国の「GOES（ゴーズ）」などの複数の衛星がそれぞれ異なる経度範囲を観測することで，全球規模の高頻度な気象観測を実現している．

2 つめの軌道は，地上高度 400 km から 1000 km あたりを周回する軌道である（図 1.4 (b)）．多くは北極と南極を結ぶような軌道を通るため，極軌道（polar orbit）と呼ばれる．極軌道のなかでも地方時刻がほぼ一定になるように調整された太陽同期極軌道は，緯度が同じであれば，観測地上点–太陽–衛星の位置関係が同じになり，太陽光を光源とした可視光観測に便利であるため，よく利用される軌道である．極軌道衛星の軌道は静止軌道よりもずっと低く，観測範囲

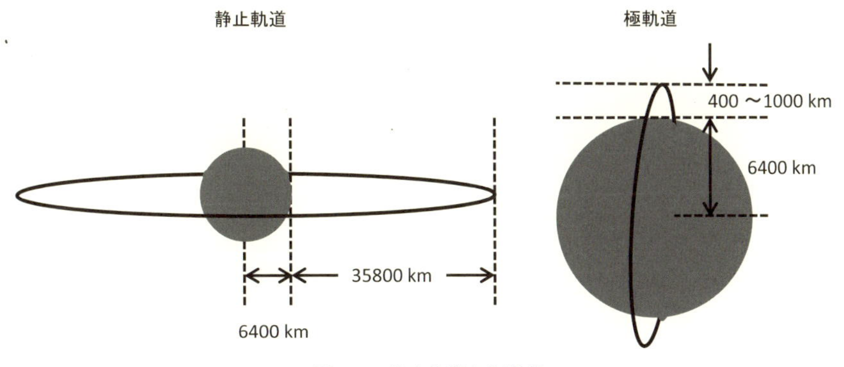

図 1.4　静止軌道と極軌道

が狭い．そのため全球を網羅するのに数日以上を要するが，概して高い空間解像度が見込めることや，単一の衛星，単一のセンサーによる全球観測が可能になるというメリットがある．また，2.4節で紹介するように，レーダーやライダーなどの能動型センサーは，センサーから観測対象物までの距離が短いほど発振器の出力が少なくて済むため，現状では極軌道衛星にのみ搭載されている．

1.5.2 軌道を高等学校の物理で理解する

衛星軌道についてもうすこし理解してみよう．高等学校レベルの物理と数学を用いると，かなりの理解が可能である．試しに地球の周りを衛星が周回する，地球と衛星の二体問題を考えてみよう．高度800 kmで地球を周回する極軌道衛星を想定する．

まず，図1.5に示すように地球と衛星の質量をそれぞれM, mとし，地球の半径をR，衛星高度をhとすると，万有引力と遠心力のバランス式は，

$$G\cdot\frac{mM}{(R+h)^2}=m\frac{v^2}{R+h}$$

である．この式を変形すると衛星の速度vが次のように求められる．

$$v=\sqrt{\frac{GM}{R+h}}=\sqrt{\frac{gR^2}{R+h}}$$

実際に，重力加速度$g=9.8\,\mathrm{m/s^2}$，地球の半径$R=6380\,\mathrm{km}$，衛星高度$h=800\,\mathrm{km}$などの数値を代入してみると，

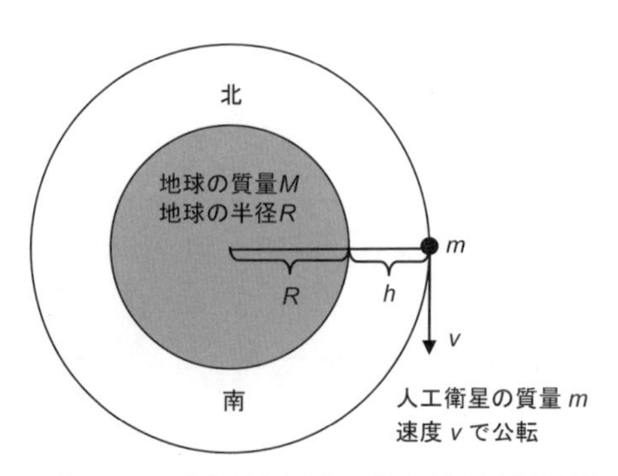

図1.5 高等学校の物理で理解できる衛星軌道

$$v=\sqrt{\frac{gR^2}{R+h}}=\sqrt{\frac{9.8\times(6380\times10^3)^2}{(6380+800)\times10^3}}$$

$$=7.5\times10^3\,[\mathrm{m/s}]=7.5\,[\mathrm{km/s}]$$

を得ることができる．つまり，衛星は1秒間に約7.5 kmもの速度で高速移動している．では，1日24時間の間に衛星は地球を何周するであろうか？ これは簡単な計算で求められる．まず1周するのに要する時間は，

$$T=\frac{2\pi(R+h)}{v}=6.03\times10^3\,[\mathrm{s}]\approx100\,[\mathrm{min}]$$

よって，24時間×60分/100分=14.4周という答えが導き出される．図1.6は「みどり2号」衛星搭載GLIセンサーが1日に観測した全画像を重ね合わせた図である．確かに $14+\alpha$ 周の観測がなされていることがわかる．図には観測されなかった領域（黒塗りの場所）が存在していることにお気づきだろう．この領域は，翌日の観測で徐々に埋まっていく．すなわちGLIセンサーは，2日間で全球を隙間なく観測することになる．

実際に軌道上にある衛星はもう少し複雑な動きをする．例えば上式で示した地球の重力以外にも，太陽や月の重力，太陽輻射力，地球大気による抗力など，摂動力と呼ばれる力が複雑にかかるため，時間の経過とともに軌道が徐々にずれていく．通常，既定の軌道からのずれ量があらかじめ決めた一定値よりも大きくなると，スラスターと呼ばれる小さなエンジンを用いた軌道制御を行うことでそれを解消する．衛星は姿勢制御のための燃料を相当量積載している．実は衛星の寿命は姿勢制御用の燃料の搭載量に依存する．極軌道衛星では3年か

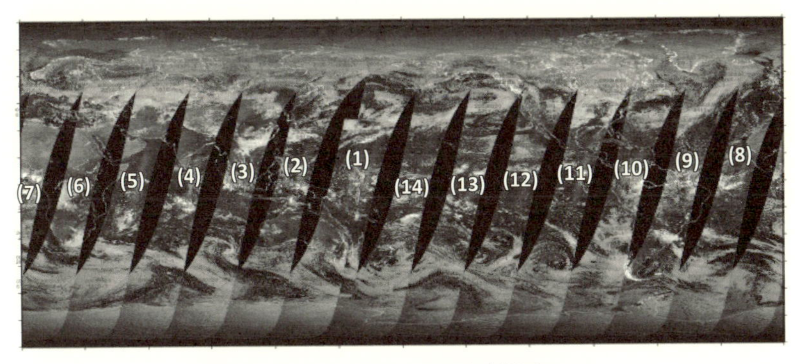

図 1.6 みどり2号の1日の地球観測データ

ら7年，静止気象衛星は10年以上の運用に必要な燃料を搭載することが多い．ちなみに，衛星打上げ時のロケットの軌道精度が良いと，衛星の姿勢制御用のスラスターをあまりはたらかせなくていいため，結果として衛星の寿命が延びる．軌道制御の方法は今日でも進化している．従来は制御計画に基づく地上指令による制御を実施していたが，最近の衛星ではGPSを用いて自律的に姿勢制御を実施しているものがある．日本の衛星では，2009年に打ち上げた「いぶき」衛星で自律制御を実施している．

コラム2◆衛星データの容量

現在，多数の地球観測衛星が運用され，日々膨大なデータが得られていることから，データ保存そして検索機能の充実が重要な課題になっている．例えば静止気象衛星「ひまわり7号」のデータ量は1日あたり11GB（ギガバイト）である．2015年に運用が始まった「ひまわり8号」以降は毎日430GBのデータが得られ，これは年あたりに換算すると160TB（テラバイト）という膨大なものとなる．気象衛星以外にも，雨，雲，微粒子，地表面，温室効果ガス等の大気成分を観測する地球観測衛星から，それぞれ大量のデータが日々取得されている．「いぶき」衛星では，衛星データ，プロダクト，検証データの格納のため5年間の運用期間中に管理が必要なデータ量を500TBと見積もっている．サイエンスとテクノロジーの高度化，そして産学官におけるデータニーズの高まりに伴って空間解像度や観測波長分解能が細かくなり，単位時間あたりの取得データ量は増加傾向にある．

読者のなかには衛星データの利用はハードルが高いと感じている方もいらっしゃるはずだ．衛星データは，気象，気候研究，環境，防災，減災，低炭素社会の構築等に向けて最大限有効利用されるべきデータであるから，データアクセスのハードルはできるだけ低い方が望ましい．

◇◇◆ 1.6 気象学における衛星利用 ◆◇◇

衛星による実用的な気象観測は1960年代に打ち上げられた極軌道衛星「TIROS（タイロス）」(Television Infrared Observation Satellite）シリーズから始まった．すなわち，衛星観測は今日までに半世紀以上の歴史をもつ実績のある観測手法である．気象の分野では特に可視赤外イメージングセンサーとマイクロ波放射計がよく使用されてきた．前節で紹介した衛星軌道の1つである極軌道に打ち上げられた中程度空間解像度／波長分解能イメージングセンサーは，比較的観測ターゲットに近い距離から広域を短い期間で観測できることから，気象，そして気候の研究に多く用いられるセンサーである．この種のセンサーでは，空間解像度こそ0.25 kmから1 km程度と中程度であるが，代わりに1000 kmから3000 kmという広い観測幅をもたせることで，わずか数日間で全球をカバーできる設計となっている．また，打上げ時の重量制限が静止衛星よりも緩やかであるため，例えばイメージングセンサーのほかにも数種類のセンサーを同時搭載した大型衛星とすることも可能である．このような極軌道衛星搭載センサーは地表面から大気までの地球物理情報の高精度な推定に有利である．

代表的なイメージングセンサーとしては，空間解像度1.1 km，観測幅2700 kmの「NOAA（ノア）」(National Oceanic and Atmospheric Administration）衛星AVHRRシリーズが，「タイロス-N」(1978年打上げ）から「ノア19号」まで30年もの歴史を誇っている．AVHRRの基本仕様は可視近赤外2チャンネル(0.6 μm，0.8 μm)，短波長赤外1チャンネル（3.7 μm），そして11 μm，12 μmの5チャンネルである．「ノア15号」(1998年）からは1.6 μmチャンネルが追加された．AVHRRからは全球の海面水温（Reynolds et al., 1994；Sakaida et al., 2000)，雲特性（Han et al., 1994；Nakajima and Nakajima, 1995)，エアロゾル特性（Kaufman and Nakajima, 1993；Higurashi et al., 2000）の全球観測などで大きな成果が出ている．日本のセンサーとしては，宇宙航空研究開発機構（JAXA）の前身である宇宙開発事業団（NASDA）が開発した「もも1号」衛星VTIR（可視から熱赤外に4チャンネル，1987年打上げ）や，「みどり1号」衛星OCTS（12チャンネル，1996年打上げ）がある．「みどり2号」衛星搭載GLI（2002年打上げ）の時代からは，近紫外（0.38 μm）から熱赤外（12

μm）の波長範囲に36のチャンネルを有し，1kmもしくは0.25kmの空間解像度，そして1600kmの観測幅という仕様になった．GLIセンサーからは海面温度，可降水量，植生，植物プランクトン，雪氷，雲，エアロゾル等，気候変動モニタリングやプロセス研究に資する地球パラメータが推定され，その結果はモデルの境界値や検証に用いられた．GLIに類似するセンサーとしてはアメリカ航空宇宙局（NASA）の「Terra（テラ）」衛星（1999年打上げ）および「Aqua（アクア）」衛星（2002年打上げ）に搭載されたMODIS（モーディス）がある．なお，「みどり2号」のGLIは海洋観測のための可視チャンネルを充実させているのに対しMODISは熱赤外に多くのチャンネルをもち，大気観測に重点化しているという違いがある．

時空間変動が激しい気象の観測では特に静止軌道衛星搭載イメージングセンサーが有用である．日本の「ひまわり」衛星シリーズは1977年から現在にいたるまで連続的に運用されており，毎日の天気予報に利用されている．世界の静止気象衛星に目を向けると，「GOES（ゴーズ）」(Geostationary Operational Environmental Satellite）衛星（アメリカ，1975年～現在），「Meteosat（メテオサット）」衛星（ヨーロッパ，1977年～現在）等がある．これらのセンサーの基本仕様は可視，赤外，水蒸気吸収，熱赤外である．これらのチャンネルを用いて，雲分布，雲頂温度，水蒸気分布を，数十分から1時間毎という高時間分解能で観測することができる．なお，第3世代の静止気象衛星「ひまわり8号」は2014年に打ち上げられ，2015年に実運用を開始した．「ひまわり8号」に搭載されたイメージングセンサーAHI（Advanced Himawari Imager）は従来の約3倍に相当する16チャンネルを有し，観測頻度も10分毎（日本付近は2.5分毎）と超高頻度になり，21世紀の日本，東アジア，オーストラリア，オセアニア，太平洋中西部の気象を宇宙から見守る．

なお，衛星イメージングセンサーのなかには空間解像度が数十mという高解像度機種もあるが，高解像度の代償として観測幅が数十kmから100km程度と狭くなり，全球を網羅するために数ヶ月を要する．このような高空間解像度イメージングセンサーは，地図情報に関わるような詳細な地表面観測に最適化されたものである．観測ターゲットのスケールが数百km～数千kmと大きく，変化が早い気象現象の観測に対して高解像度イメージングセンサーが用いられるケースは限られる．

マイクロ波も気象観測によく使われている．マイクロ波センサーは，能動型，受動型といった観測原理，方式，あるいは観測対象の違いによって多種あるが，気象観測でよく使われるのはマイクロ波の放射計，サウンダ，散乱計，降雨レーダーの観測情報である．このうちマイクロ波放射計を用いた地球観測は1970年代前半にアメリカで実験的に開始された．1980年代以降，アメリカ国防省気象衛星「DMSP」(Defense Meteorological Satellite Program) シリーズのSSM/Iセンサーで高精度観測が実現されるようになり現在にいたっている．「みどり2号」衛星（日本），「アクア」衛星（アメリカ），「しずく」衛星（日本，2012年打上げ）向けにそれぞれAMSR（アムサー），AMSR-E，AMSR2が順次改良されながら開発，搭載されており，マイクロ波機器の開発や観測技術はもはや日本のお家芸といってよいだろう．広域のデータを必要とする数値天気予報において，マイクロ波放射計データの利用が活発である．例えばマイクロ波サウンダは赤外サウンダと並んで温度や水蒸気場データとして数値天気予報システムでは欠かせないデータ源となっている．またマイクロ波放射計から得られた可降水量等もデータ同化に使われている．同じくマイクロ波放射計から推定される海面水温，土壌水分，積雪等についても，数値予報と気候モデルの境界値やそれらの検証のための気候値として利用されている．私たちの地球が水惑星と呼ばれるように，水は地球で最も重要な物質であるから，注目度も高い．

現在でも新しいセンサーは続々と登場している．ここでは新センサーの潮流について簡単に紹介しよう．新規センサーを製作して打ち上げる意義と狙いは2つある．1つめは，気象予報や将来の気候予測に用いられる気候モデル，雲解像モデル，メソモデル，領域モデルなどを高度化する作業が進んでいることにある．各種のモデルは地球の様子を再現してくれるが，その計算結果の正当性についての検証が重要である．そのための手段の1つが観測との比較である（図1.7）．多くのモデルシミュレーションは全球規模のような広領域を対象とするため，比較データとして衛星観測データがよく使われる．もう1つの狙いは，温室効果ガスの観測に特化した衛星「いぶき」に代表されるように，大気分子成分を計測する任務，あるいはNASAの「CloudSat（クラウドサット）」や「CALIPSO（カリプソ）」(Cloud-Aerosol Lidar and Infrared Pathfinder Satellite Observations) 衛星などのようにエアロゾルの観測，雲粒子の発達過程を明らかにする任務といった具体的な観測ニーズが急速に増えてきたことによる．前者は気候変動研究の必要性の高まりによるニーズ，後者はより細かいスケール

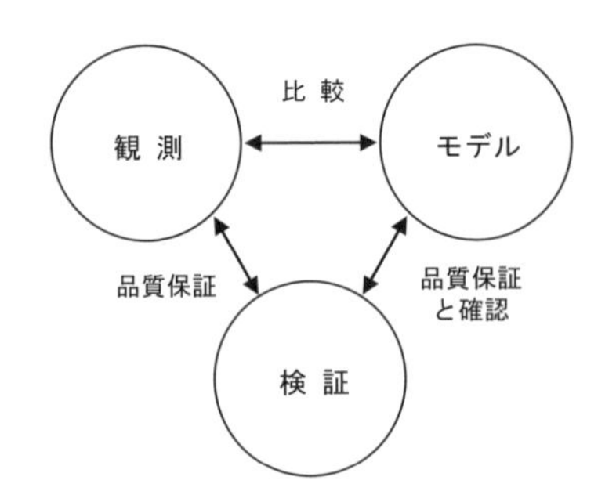

図 1.7　観測，モデル，検証のサイクル図

の大気現象を，高い時間分解能で解明するニーズである．10年ほど前においては，衛星観測の空間解像度はモデルの解像度よりもはるかに高かった．しかしながら，地球シミュレーターや「京（けい）」のようなスーパーコンピューターの出現とモデルの高性能化により，モデルの空間解像度が飛躍的に高まり，そのため，より高精度の観測データの取得が要請されるようになったのである．

衛星観測における近年の潮流として大気の鉛直断面観測がある．これまで言及しているように，衛星観測のメリットの1つは広い観測範囲であるが，これを鉛直方法にも広げる試みである．このため，ライダーやレーダーなどの能動型センサーが開発されたり，多くの波長を使うことによる大気の鉛直構造の探査手法（サウンディングとよばれる）が開発されたりしている．衛星観測の結果を逐次モデル計算に反映させるデータ同化手法が進展し，実際時間スケールが比較的短い気象予報にも使われつつある．

以上では新型センサーの意義について述べてみたが，従来型のセンサーを継続して打ち上げる意義も重要である．例えば気候変動の状況把握のためには数十年以上の全球規模のデータの蓄積が必要になることは自明である．一方で衛星やセンサーの寿命は5〜10年程度であるから，適切な間隔で従来型のセンサーを打ち上げてデータを継続させる必要がある．これは気象学に限らず多くの科学分野でも同じであるが，特に自然を相手にした観測は，二度と同じデータは取得できない，その瞬間，その場所でしか得られない貴重なものである．このように衛星による地球観測の役割はますます増え，その価値が高まっている．

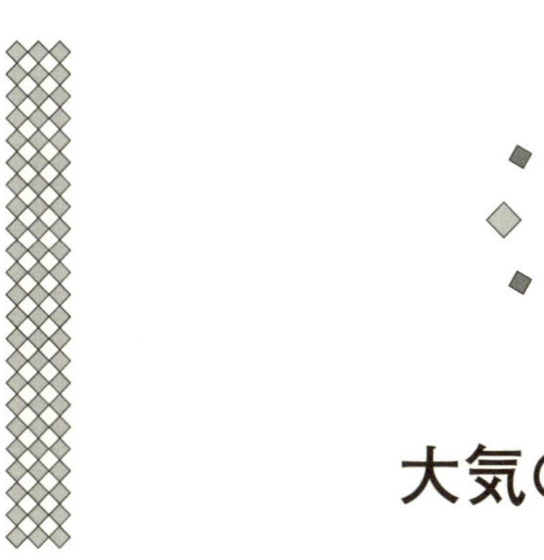

2 大気の衛星観測

◇◇◆ 2.1 イメージングセンサーで見た地球の姿 ◆◇◇

2.1.1 概 要

写真のような水平2次元の画像が取得できるセンサーをイメージングセンサーという．衛星に搭載されていれば「衛星イメージングセンサー」である．静止軌道衛星にも極軌道衛星にも搭載される．衛星イメージングセンサーはデジタルカメラ画像と似たような2次元の画像を取得するが，いくつかの点でカメラの写真とは異なる．まず，通常のカメラでは赤，緑，青の3波長をモノクロ画像で撮影し，それらを合成することによって人間の目で見たときと同じようなカラー画像を得るが，衛星イメージングセンサーは，赤，緑，青の波長に限らず，近紫外，近赤外，短波長赤外，熱赤外，などの波長を有していることが多い．また，マイクロ波領域の波長を計測するイメージングセンサーもある．例えば1987年に日本の宇宙開発事業団（NASDA）が極軌道に打ち上げた「もも1号」搭載VTIRセンサーは，可視領域にわずか1波長，赤外域には7 μm帯が1波長，熱赤外2波長，計4つの観測チャンネルの衛星イメージングセンサーであった．この仕様からもわかるように，「もも1号」には海洋観測に資する基本的な波長が選ばれて搭載されている．なお，最近の衛星イメージングセンサーは，可視から赤外波長の間に16，20ないし30以上の観測チャンネル数をもたせるものが出てきている．これは，より多くの地球物理量を高精度に推定しようという試みに対応するためである．最も身近な静止気象衛星「ひまわり」においても，従来の3倍以上に相当する16もの観測チャンネル数を有する衛星イメージングセンサーを搭載した「ひまわり8号」が2014年に打ち上げられ，2015年に観測を開始した．これは，かつての極軌道衛星イメージングセンサー並みの分光能力を有する時代になったことを意味する．なお，静止軌道衛星センサーは，第3世代になってようやく赤，緑，青の3波長が揃う．アポロ宇宙船に搭乗した宇宙飛行士たちは美しく輝く丸い地球の情景を見たが，これと同じ画像が静止衛星で得られる時代が到来したのである．

次に挙げるカメラとの相違はデータの精度に関するものである．気象学で用いられる衛星イメージングセンサーでは，相対的な濃淡ではなく，絶対的な放射量を得ることが要求されている．つまり，ある階調値がどれだけの放射輝度であるか，あるいは何ケルビン（K）の温度に相当するか，という絶対校正がきわめて重要である．絶対校正の精度を担保するために，慎重なハードウェアの設計が必要であるし，正確な製作に万全を期するのはもちろんのこと，打上げ後も継続した校正作業が必要で，そのために多大な努力が払われるのが普通である．

最後に挙げる相違は走査機構である．写真撮影向けのデジタルカメラは2次元の検知器を利用するのに対して，多くの衛星イメージングセンサーは1次元の検知器を用い，それを走査させることによって2次元画像を得ている．衛星は軌道上を一定速度で動いているから，走査しながら2次元画像を得ているのである．走査が衛星進行方向と同じ方式をプッシュブルーム方式，衛星進行方向と直角をなしている場合はウィスクブルーム方式とよばれる．プッシュブルーム方式は，故障の原因になりうる機械可動部が少ないため信頼性の点で有利であるが，多くの検知素子を必要とする．それら検知素子間の感度のばらつきがノイズとなって画像に現れることがある．一方のウィスクブルーム方式では，検知素子の数は少なくて済むが，回転ミラーなどの機械可動部を必要とする．なお，2次元検知器を用いるPOLDER（ポルダー）のようなセンサーも存在する．

2.1.2　気象研究におけるイメージングセンサーの役割

大気現象には，空間スケール100 m程度の竜巻から，スケールが1000 kmを超すような台風，前線，低気圧まで様々なスケールがある．極軌道，静止軌道にかかわらず，衛星イメージングセンサーが観測に威力を発揮する大気現象はおおよそメソスケールから総観スケールの範囲である．すなわち，気象学的に重要な，雲，大気中のエアロゾルの分布，台風，水蒸気分布などは衛星イメー

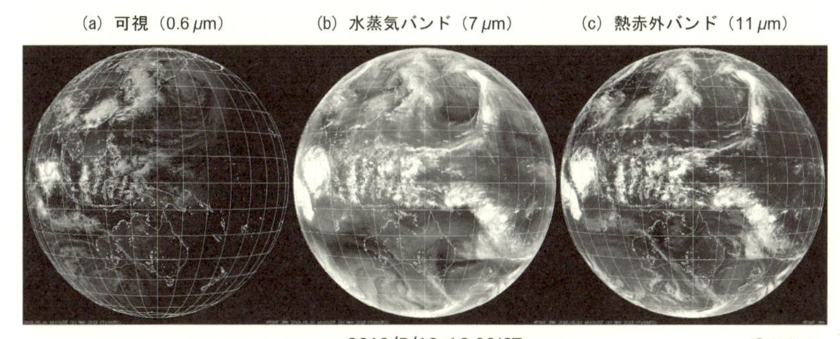

図 2.1　静止気象衛星画像

ジングセンサーの得意とする代表的なターゲットとなりうる．衛星イメージングセンサーが搭載する多くの観測波長も，気象研究に役立つように調整されている．例えば大気中の水蒸気を見るとき，可視光だけのセンサーでは不足である．なぜならば，可視光は水蒸気に対して透明で，水蒸気量の情報がほとんど含まれていないからである．ところが，7 μm の波長を使って宇宙から地球を観測すると驚くべき画像が得られる（図 2.1 (b)）．この波長の観測では，もはや地表の様子はまったく見えなくなり，代わって大気中の水蒸気の分布が手に取るようにわかるようになる．7 μm 波長帯は水蒸気分子（H_2O）による吸収が大きいため，地表面から射出された 7 μm の放射が衛星まで到達しない，すなわち地上が見えないのである．代わりに上空の水蒸気が射出する波長 7 μm の放射が見えている．

もちろん，雲の分布や明るさは可視光の利用が最適であるし（図 2.1 (a)），雲や地表面などの温度は熱赤外で得られる（図 2.1 (c)）．衛星イメージングセンサーにしばしば搭載される 2.2 μm のような中間赤外チャンネルを用いると，雲粒の大きさがわかる．これは雲粒サイズが大きくなると 2.2 μm チャンネルの反射率が徐々に小さくなる現象を利用したものである．また，可視光付近の波長をいくつか組み合わせると，エアロゾルの量だけでなく，その種類や粒子の情報も得ることができる．なお，7 μm や 2.2 μm 波長の光は，人間の目で見ることはできない．つまり，水蒸気を見たり雲粒の大きさを見分けたりすることは，衛星搭載センサーという電子の目であるからこそできる芸当である．

2.1.3 台風の観測

年が明けてしばらくすると台風1号発生の声が聞かれ，そこから数ヶ月もすると，小笠原諸島や南西諸島に近づく台風がちらほら出てくる．7月から9月にかけて日本列島，台湾，中国，韓国に接近あるいは上陸する台風が現れ，なかでも盛夏から秋にかけては，日本列島を横断，あるいは列島に沿って縦断し，各地に甚大な被害を出す台風が多くなる．台風は各地に恵みの雨をもたらす有益な大気現象である一方で，記憶に残るほどの甚大な災禍をもたらす大気現象でもある．そのため，台風そのものの観測そして予測に関する社会要請が強く，それに応えるために多種多様な観測システムによる台風追跡が実施されている．一般的な台風の空間スケールは数百 km から 1000 km であるが，周囲の気象も含めた場の把握を行うため数千 km の範囲が観測対象となる．また雲システムの把握という研究の観点まで考えると，台風を構成する積雲を分解する 1 km 程度の現象までみていく必要がある．一方の時間スケールの方であるが，発生から消滅までのライフサイクルに注目すれば，1週間から10日間は集中的な観測が必要な時期である．日本列島への接近状況の把握や台風の急発達に注目するならば，24時間から数時間という短い時間スケールにも注目する必要がある．

このような目的に資するセンサーは，やはり衛星搭載ということになる．まず，台風とその周囲の気象場まで一括して観測する必要があるため，数千 km の範囲を一度に捉える必要がある．次に，1週間から10日間にわたって連続的に追いかけることを考えると，数十分から1時間毎に同領域の観測が可能な，静止気象衛星イメージングセンサーが最適であることがわかる．加えて，積雲ひとつひとつに注目したり，より多くの波長で詳細な科学観測を行ったりする目的のため，極軌道衛星の利用も有効である．例えば低軌道で観測範囲が比較的広く，観測チャンネル数も豊富な中程度空間解像度イメージングセンサーは，1日1回から2回程度の頻度で台風を観測でき，さらに積雲を分解できるだけの空間解像度も有している（図2.2）．実際，台風の観測では，静止気象衛星「ひまわり」と多種の極軌道衛星センサーが総動員され，天気予報に資する概況把握からメカニズム解明に資する多種多様な観測が実施されている．このような観測を行うことで高度な気象の理解とともに精度良い予測が得られ，ひいては日々の減災につながる．衛星観測はまさに市民生活に役立っている．

図 2.2 極軌道衛星「みどり2号」が捉えた台風

2.1.4 水害の観測

水害は，台風や集中豪雨によって引き起こされることが多い．特に陸上で問題になることが多いため，日本では地上設置型の雨量計や河川の水量監視などを駆使したモニタリングシステムが構築されている．衛星も水害の観測に使われる．例えば降雨強度の把握には，能動型のレーダーが搭載された熱帯降雨観測衛星「TRMM（トリム）」(Tropical Rainfall Measuring Mission）や全球降水観測計画（Global Precipitation Measurement：GPM）が有効である．一方，受動型のイメージングセンサーは，水害発生後のモニタリング，例えば冠水範囲の把握やその変化を追跡するために活躍することが多い．特に冠水領域が数十km～数百km四方にもなりうる水害観測では衛星観測の有用性は大きい．図2.3は，2011年11月にタイで長期かつ広範囲に発生した水害の画像である．この画像は空間解像度が500mの「いぶき」衛星搭載イメージングセンサーTANSO（タンソ）-CAIが捉えたものである．このときはバンコクの北西にかけての広い領域（図2.3の点線で囲った領域）が冠水した．

2.1.5 エアロゾルの観測

大気中に浮遊する液体あるいは固体の微粒子をエアロゾルと呼ぶ．エアロゾルには，海水の飛沫から飛び出てくる海塩粒子，工場や自動車から排出される人為起源粒子，地表から巻き上げられた砂塵等がある．エアロゾルの大きさの範囲は広く，エイトケン粒子（半径0.1 μm以下），大粒子（0.1～1 μm），巨大粒子（1 μm以上）のように分類されている．近年，健康被害をもたらす可能性

図 2.3　「いぶき」が観測したタイの水害

があるものとしてニュースで頻繁に耳にするようになったPM2.5やPM10は，直径2.5μm（10μm）程度以下のエアロゾル粒子を意味している．エアロゾルは雲粒成長の起点となる凝結核としてはたらくことで，雲の発達過程のみならず，降雨にも影響をあたえうる．このように，エアロゾルは私たちの生活に大きな影響をあたえる物質であるため，気象学における重要な観測ターゲットになっている．

エアロゾルの観測にも衛星イメージングセンサーが利用できる．大気中にエアロゾルが存在すると可視光の反射率が大きくなる性質を利用して，エアロゾルが広がる範囲を抽出し，さらに反射率の数値からその濃度を推定することができる．エアロゾルの検知の容易さは海洋上と陸上で大きく異なる．海洋上では，海面よりもエアロゾルの反射率が大きいことを利用できるが，陸上では高い陸面反射率によりエアロゾルとの明暗コントラストが得られにくく，検出が難しくなる．砂漠域の大気中に砂漠の砂が浮遊していても，宇宙からは判別しにくいことを想像してもらえればいいだろう．図2.4 (a)（b）は「みどり2号」搭載GLIセンサーから推定されたエアロゾルの様子である．図2.4 (a) は光学的厚さと呼ばれ，光に対するエアロゾルの濃さに関する量である．光学的厚さが大きいとエアロゾル層が厚いことを示す．図2.4 (b) が示すのはオングストローム指数と呼ばれるもので，エアロゾル粒子の大きさに関する量である．オングストローム指数が<u>大きい</u>ほどエアロゾルのサイズは<u>小さい</u>．なお，小サイズのエアロゾルは主に工場など人間の産業活動が発生源であることが多く，逆に大きいサイズのエアロゾルは砂塵など自然起源である．そのような目で図を

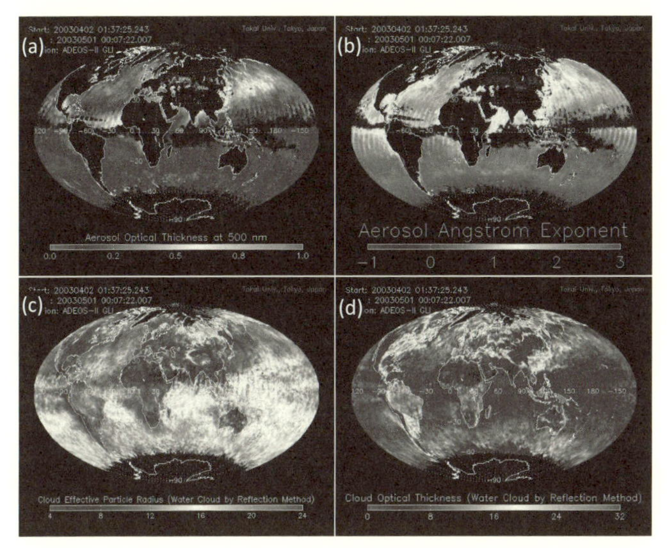

図 2.4　GLI データから推定されたエアロゾル特性，雲特性［巻頭カラー口絵 1 参照］

眺めてみると，まず東アジア近海とアフリカ大陸サハラ沖でエアロゾル濃度が高いこと，そのうち東アジア域のエアロゾルは主に人為起源，サハラ沖は砂漠からの砂塵粒子すなわち自然起源であることがわかる．

図 2.4 では陸面上のエアロゾルが示されていない．実は，陸上ではエアロゾルの有無による反射率の変化が小さいため，検知が難しいのである．陸上エアロゾル検知のためには，従来のイメージングセンサーを超える新しい観測手段あるいは検知手法を開発する必要がありそうだ．可視光の偏光状態の違いを利用した陸上エアロゾルの観測については次の 2.2 節で改めて紹介することにしよう．

コラム 3 ◆ 検知器の種類と感度波長範囲

センサーの電磁波検知部に用いられる素材のうち，シリコン（Si）はおおよそ 0.3〜1 μm 前後までの短波長領域に感度があり，インジウム・ガリウム・ヒ素（InGaAs）は 0.5〜2 μm 前後，インジウム・アンチモン（InSb）は 1〜6 μm，水銀・カドミウム・テルル（HgCdTe）は 2〜15 μm

の範囲の電磁波に大きく感度をもっているが，その波長範囲外では急激に感度が下がる．赤外光検知器として，非冷却型ボロメータ（赤外線の入射により素子が熱せられたときに変化する抵抗値を読み出す方式）などの開発も進められている．仮に感度が十分であっても精度良い分光観測を実現するためのフィルターの造作，そして多くの赤外センサーでは冷却機能をもたせるなどコストを要する要素も多く，各種条件をもとに観測ミッションに適当な方式を選択する．

◇◇◆ 2.2 大気の偏光観測 ◆◇◇

2.2.1 概　要

衛星リモートセンシングから得られる地球物理量の数と観測チャンネルの数には相関がある．例えば3種類の物理量を衛星観測から得るためには，少なくとも3つの独立した異なる観測チャンネルが必要である．日本の気象衛星「ひまわり8号」は可視3チャンネル，赤外13チャンネル，合計16の独立チャンネルを有している．より多くの物理量を観測する場合，観測波長を増やすのも1つの方法であるが，観測波長を増加させる代わりに，光の振動方向の情報，すなわち「偏光」を活用することができる．分光観測された光を偏光フィルターでさらに分光することで，いくつかの異なる偏光成分が得られる．光の波長自体は変化しないため，検知器や分光フィルターを共有できるという利点もある．このようにして得られた偏光情報には，独立した地球物理量の情報が含まれるほか，偏光に由来した特有の情報が得られる．そのため近年の可視光リモートセンシングでは偏光観測が積極的に用いられるようになってきた．本節では，電磁波と偏光について解説し，さらに実際の衛星を用いた大気観測の様子を紹介する．

2.2.2 いくつかの偏光状態

偏光は文字通り光の状態の偏りである．電磁波における電場 $\boldsymbol{E}$ と磁場 $\boldsymbol{H}$ はどちらも横波であり，振動面が互いに直交した状態で進行方向に伝搬している（図2.5）．大気分子や散乱粒子との相互作用，つまり大気による散乱を受ける前の太陽起源の光（自然光）は，完全偏光である無数の互いに無関係な状態であ

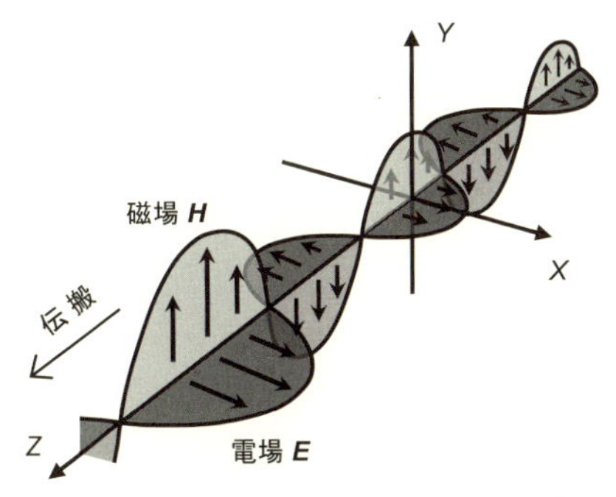

図 2.5 電磁波の伝搬（「電磁気学」(培風館) 平川浩正著を参考に再描画）

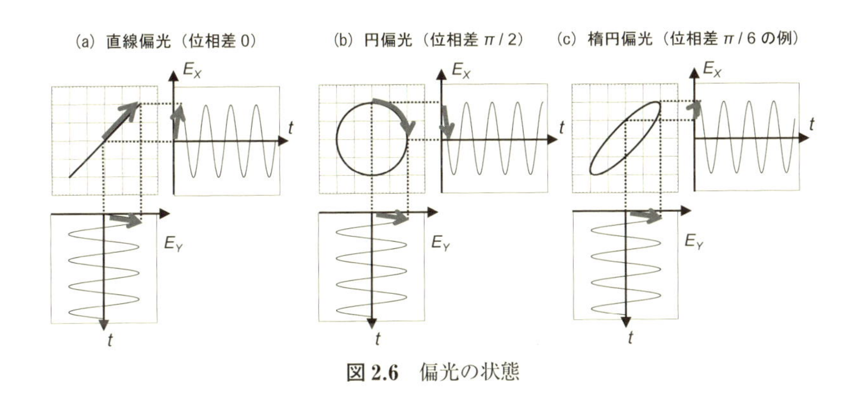

図 2.6 偏光の状態

る波列が混合したものであり，結果として電場や磁場の振動面の向きがでたらめである非偏光の電磁波である．人工的に作られるレーザー光などでは，電場や磁場をある決まった振動面に揃えることができる．偏光観測というのは，例えば非偏光の太陽光が散乱することで偏光状態にいたった様子を検知，あるいは偏光したレーザー光が散乱することにより偏光状態が解消される様子を検知することで散乱体に関する情報を得る技術である．

もう少し偏光の理解を深めてみよう．偏光には直線偏光，円偏光，楕円偏光という 3 つの状態がある．まず，電場の振動面（註：磁場の振動面で定義してもよいが，通常は電場を基準にする．）が一定である場合を直線偏光という．例えば，図 2.6 (a) に示すように，Z 方向に進行する電磁波の電場ベクトルの成分を E_X，E_Y という X，Y 成分に分離し，さらに X 平面，Y 平面に電場ベクトルを投影したとき，E_X，E_Y のそれぞれの振動の位相がまったく同じであれば，電場の振動面を電磁波の進行方向であるZ軸方向から眺めると直線上に振動しているようにみえる．すなわちこれが直線偏光である．ここで，もうすこし考えをすすめてみる．そもそも電場ベクトル E_X, E_Y の振動の位相が同じであるという制限は受けていない．そこで E_X と E_Y の位相を弧度法で $\pi/2$ [rad]（角度で90°）だけずれた状態を考えてみる．この状態を示した振動は図2.6 (b) のようになる．先ほどと同じように電場の振動面を Z 軸方向から眺めると，電場ベクトルの軌跡は真円を描くことがわかる．これが円偏光である．さらに考えをすすめてみると，位相の相違は任意でよいはずである．たとえば位相ずれが0 [rad] でもなく $\pi/2$ [rad] でもない状態を作り出して電場の振動面を Z 軸方向から眺めると，電場ベクトルの軌跡は楕円を描くようになる（図2.6 (c)）．この状態を楕円偏光という．数学的には，楕円偏光の式が一般形であり，位相差が0 [rad] と $\pi/2$ [rad] という特殊なケースが直線偏光であり円偏光である，という解釈を行う．

2.2.3　偏光情報からわかる地球物理量

大気による散乱を受ける前の太陽起源の光，すなわち太陽放射は非偏光の電磁波である．非偏光の電磁波が大気分子成分や雲や塵などの散乱体と相互作用を起こすことにより，特定の振動面をもつ電磁波が特定の方向に相対的に多く散乱されることがある．あるいは直線偏光で発振されたレーザー光が散乱体にぶつかるときに偏光状態が乱されることがある．このような性質を積極的に観測することで大気の状態を知る技術が偏光リモートセンシングである．偏光状態を変化させる大気中散乱物質の特性としては，例えば雲粒子やエアロゾル粒子の形，屈折率，粒径などがある．偏光を利用するとこれらの大気の物理状態や量が推定できる．なお，光源，散乱体，センサーの位置関係によって偏光状態が変化するため，観測角度をいくつか変えながら偏光情報の特性を検出することが多い．

2.2.4　POLDER と SGLI

偏光情報を積極的に利用する衛星搭載センサーとして，POLDER（ポルダー）と SGLI を紹介しよう．POLDER（地表反射光観測装置）は地球観測衛星「みどり1号」および「みどり2号」に搭載された偏光センサーである．「みどり1号」は1996年，「みどり2号」は2002年にそれぞれ太陽同期極軌道に打ち上

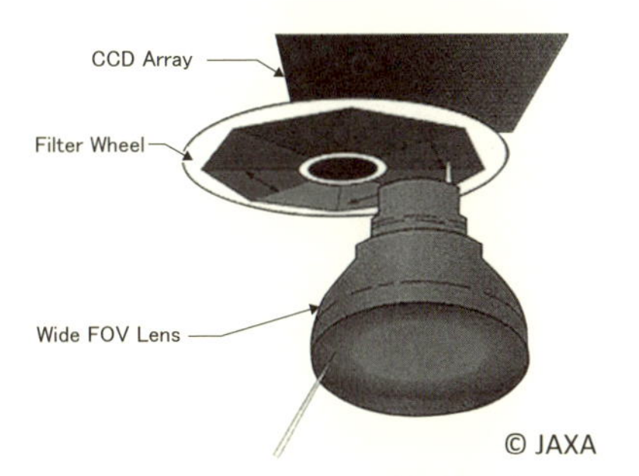

図 2.7　POLDER の観測概要

可視近赤外コンポーネント

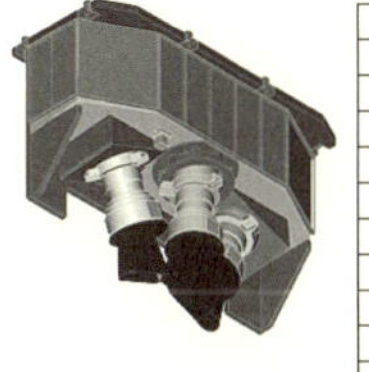

Band	λc
VN1	380nm
VN2	412nm
VN3	443nm
VN4	490nm
VN5	530nm
VN6	565nm
VN7	673.5nm
VN8	673.5nm
VN9	763nm
VN10	868.5nm
VN11	868.5nm

可視偏光・多方向コンポーネント

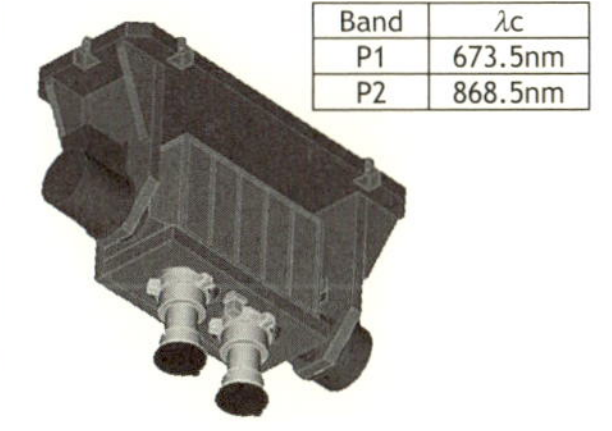

Band	λc
P1	673.5nm
P2	868.5nm

赤外コンポーネント

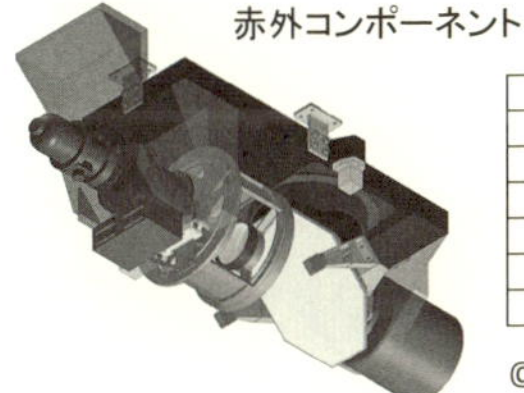

Band	λc
SW1	1050nm
SW2	1380nm
SW3	1630nm
SW4	2210nm
T1	10.8um
T2	12.0um

3 コンポーネントを同時稼働させて多波長観測を実現する

© JAXA

図 2.8　SGLI センサーのコンポーネント

げられた日本の衛星である．POLDER は可視光から近赤外光の範囲の 8 つの観測波長を用いて，異なる観測角で同一の観測ターゲットからの反射光と偏光状態を観測する（図 2.7）．一方の SGLI は，2016 年前後に打ち上げが予定されている気候変動観測衛星「GCOM-C（ジーコムシー）」(Global Climate Observation Mission-Climate）に搭載される可視赤外イメージングセンサーで，近紫外線（0.38 μm）から赤外領域（12 μm）にかけての 19 の異なる観測チャンネルをもつ．そのうち，0.674 μm と 0.869 μm の 2 つの観測チャンネルに偏光と多方向観測を行う機能をもたせた．すなわち SGLI は「みどり 2」衛星に搭載されていた GLI と POLDER の観測機能を一部合体させたハイブリッドセンサーである

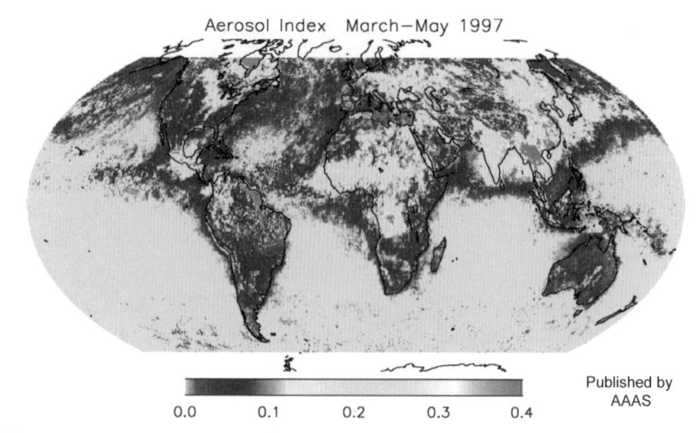

図 2.9 POLDER データから得られたエアロゾルインデックス［口絵 2 参照］

(図 2.8).

偏光を利用した大気観測の一例を示そう．前述の通り，可視センサーの放射輝度を用いて，観測から陸上に分布するエアロゾル量を計測することは困難である．なぜならば，陸面とその上に分布するエアロゾルの明るさや色が同程度であるために，単純な可視センサーの反射光から陸とエアロゾルを区別するのが難しいからである．ところが，陸面とエアロゾルで散乱した光の偏光状態がそれぞれ異なることを利用すれば，両者を分離することが可能となる (図 2.9)．SGLI は陸上エアロゾルの検出が重要ミッションのひとつとなっているため，同じく陸上におけるエアロゾルの検出に有利となる近紫外チャンネル（0.38 μm）とともに，2 つの偏光観測波長を有している．

2.3 高波長分解能分光器による大気観測

2.3.1 概 要

大気分子は，その物質の種類によって固有の波長の電磁波を選択的に吸収する．そのときの吸収の強さは透過してきた大気成分の量に比例する．高波長分解能分光器（ハイパースペクトルセンサー）による観測は，このような性質を利用して大気分子成分の種類や量を測定したり，分子成分による吸収の強さの違いを利用して大気の鉛直構造を観測したりする技術である．センサー検知器に入射する電磁波を 10～数百に分光した観測を行うため，比較的長い露光時間を要する．最大限の光量を確保するために空間解像度は数 km から 10 km である．2.1 節で紹介したイメージングセンサーの空間解像度（0.25～1 km 程度）と比較すると良くないが，データに含まれる地球科学的な情報の量は莫大であるため，近年注目されている観測技術である．

2.3.2 吸収線

ある大気分子が電磁波を吸収するとき，大気分子のエネルギー準位が低い状態から高い状態に遷移する．そのとき，大気分子は任意の波長の電磁波を吸収するのではなく，分子の形や電子の配置で決まるエネルギー準位差に 1 対 1 対応した波長の電磁波を選択的に吸収する（図 2.10）．図 2.11 に示すように，横軸と縦軸にそれぞれ電磁波の波長と大気透過率をとったグラフを描いてみたとき，分子成分の吸収の具合が線のように見えることから，吸収線と呼ばれる．図 2.11 は既出の図 1.3 をより細かく，それぞれの分子で見た場合に相当する．図 2.11 からは，分子によって透過しにくい波長帯が存在することや，特に水蒸気（H_2O）の吸収が大きいことがわかる．なお，実際の大気中では分子の熱運動によるドップラー効果や分子衝突の効果の影響を受け，固有の波長を中心にその周囲の波長の電磁波が吸収されるため，吸収線はデルタ関数ではなく波長方向に広がりをもった正規分布のような形になる．図 2.12 に示すように，上部成層圏や中間圏のように気圧が低い領域の大気分子による吸収はドップラー効果による広がりが支配的となり，ドップラー線形（Doppler line shape）と呼ばれる吸収線の形になる．低層の大気では大気圧による広がりが大きくなり吸収線の形はローレンツ線形（Lorentz line shape）と呼ばれる．両者の関数をたたみ込んで表現した式をフォークト線形（Voigt line shape）と呼ぶ．これらの線形式を適宜適用することで，大気の線吸収の強さを計算することができる．

大気分子が吸収した電磁波のエネルギーは，電子エネルギー，振動エネルギ

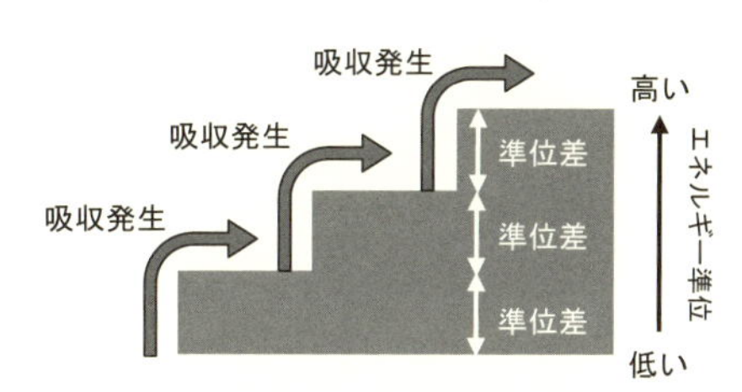

図 2.10 大気分子による電磁波の選択的吸収

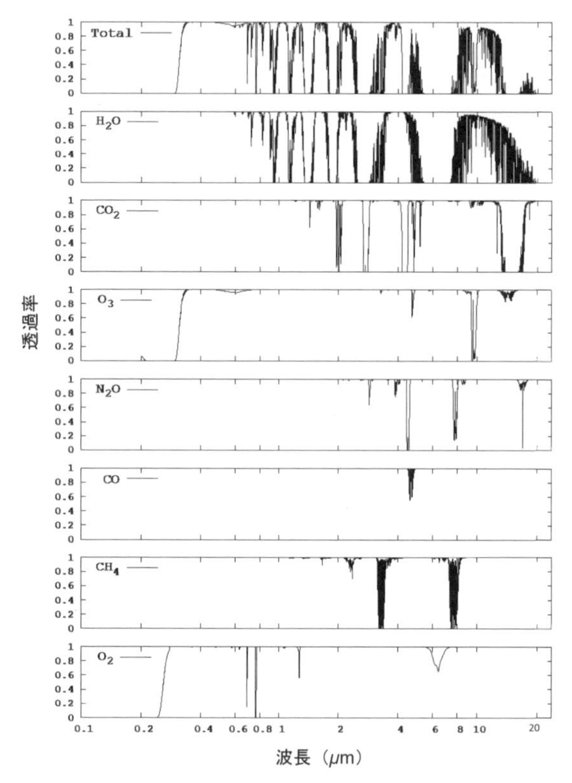

図 2.11　大気の吸収線（提供：海洋研究開発機構・太田芳文氏）

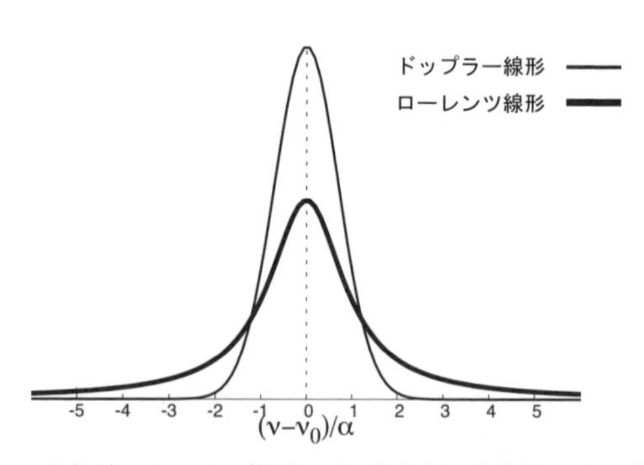

図 2.12　吸収線のかたち（提供：海洋研究開発機構・太田芳文氏）

一，回転エネルギーという3つの内部エネルギーに変換される．エネルギー準位差の大きな順に並べると，電子エネルギーが最も準位差が大きく，次に振動エネルギー，最も差が小さいのは回転エネルギーである．大きなエネルギーをもつ電磁波は，より大きなエネルギー準位差を遷移させることができる．遷移の発生そのものは確率論的な要素を含むが，それでも電磁波論で示されるように，波長が短い電磁波ほど大きなエネルギーをもつことから，大体の目安として分子による紫外線から可視光の短波長領域の吸収は電子エネルギー準位の遷移によるものであるといえる．同様にして，近赤外線の吸収は振動エネルギー準位によるもの，遠赤外線よりも長い波長の吸収は回転エネルギー準位の遷移によるものである．

2.3.3　高波長分解能センサー

前項では，大気分子はその種類ごとに異なる固有の波長の電磁波を吸収することを述べた．そこで，ある衛星搭載センサーが細かい波長分解能をもち，吸収線ひとつひとつを分解できるのであれば，大気を通過してきた光を詳しく解析することで大気成分の種別や量に関する情報が得られるであろうことに気づく．このような考えのもと，特に1990年代から多くの衛星搭載型の高波長分解能放射計が開発された．観測された電磁波を高い波長分解能で分光する方式としては，特定の波長を透過させるフィルターを用いる場合，波長分解能は細かいものでも0.1 μm程度である．より細かい波長分解能を得るための手法として回折格子を用いる方法とマイケルソン干渉計を用いるものがある．このうち前者の回折格子は，高等学校物理「光の干渉と屈折」の項目でも基礎を学ぶ分光方法である．例えば基板に多数の溝を切った回折格子に光を当てると，各溝において回折が生じる．隣接する溝からの光との光路差が波長の整数倍になっているとき，干渉によってその波長の光は特定方向にのみ強く伝搬する．それを検出器で検知する．「みどり1号」衛星に搭載された改良型大気周縁赤外分光計（ILAS（アイラス），ILAS-II）シリーズは回折格子による分光を行うことで平均16.5 cm^{-1}の波数分解能（波長10 μmにおいて波長分解能0.15 μmに相当）を実現している．ILAS-IIの観測波長帯は4バンドに分かれており，波長が短い方から0.735〜0.784 μm，3.0〜5.7 μm，6.21〜11.76 μm，12.78〜12.85 μmである．もう一方の分光方式であるマイケルソン干渉計は，2つの光路に分けられた観測光の光路差を機械的な動作で変化させることで発生する干渉縞を利用

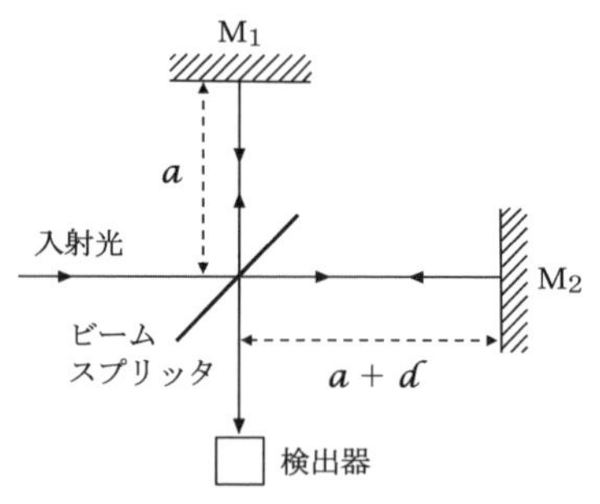

図 2.13 マイケルソン干渉計の原理

したものであり，さらに細かい分光が可能である（図 2.13）．この干渉縞にフーリエ変換を施すことによって波長毎の光の強さを取り出すため，フーリエ分光型と呼ばれることが多い．日本の代表的なフーリエ分光型センサーとしては「みどり 1 号」衛星搭載温室効果気体センサー（IMG，波数分解能 0.1 cm^{-1}）や，「いぶき」衛星搭載温室効果ガス観測センサー（TANSO-FTS，波数分解能 0.2 cm^{-1}）がある．IMG の観測波長は 3 バンドあり，波長が短い方から 3.3〜4.3 μm，4.3〜5.0 μm, 5.0〜14.7 μm である．TANSO-FTS は 4 バンドを有し，波長は 0.75〜0.78 μm，1.56〜1.72 μm，1.92〜2.1 μm，5.6〜14.3 μm である．以下に，高波長分解能センサーによる大気観測として，温度の鉛直分布の推定と分子成分の鉛直積算量の推定をとりあげる．

2.3.4 温度の鉛直分布の推定

私たちが普段の生活で気にする気温は，境界層，すなわち地表面付近の気温である．気温は上空に向かうにしたがって 100 m あたり約 0.6℃の割合で徐々に低下していくことはよく知られている．例えば標高数百 m の山に登るだけでも気温の低下を感じることは十分に可能である．日々の天気の変化を考える場合には，境界層付近の気温とともに上空の気温も重要になる．地上付近と上空の気温差が大きいときに大気が上下に入れ替わろうという力が強くはたらきやすい．これが大気不安定である．大気が不安定になると上昇気流が起こりやすくなるため雲ができ，天気は悪くなる．このことからわかるとおり，気象の変化を考える際に気温の鉛直構造を知ることが重要である．高波長分解能センサーを使うことで気温の鉛直構造を推定することができる．この手法はサウンディング手法（sounding）といわれる．

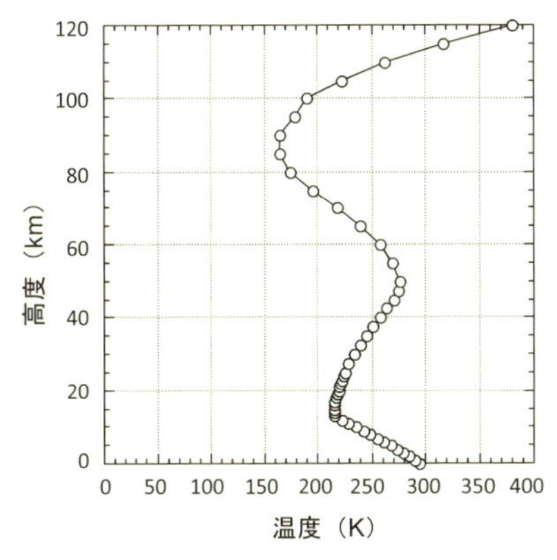

図 2.14　気温の鉛直構造

(1) 気温の鉛直構造

地上から高度 120 km までの気温の鉛直構造はおおむね図 2.14 のような構造になっている．地上から上空に向かって徐々に気温は低下していき，高度約 10〜12 km にある対流圏の上端（圏界面）で気温低下はいったん止まる．そしてそれより上の成層圏から上では高度が上がるほど徐々に気温が上昇する構造となっている．詳しい説明はここには記さないが，成層圏における温度上昇はオゾンによる太陽放射の吸収によるものである．この図は，あくまで平均的な気温の分布を示しただけであるから，実際の大気における鉛直構造を知るためには様々な方法で観測する必要がある．

(2) 重み関数を使った気温の推定

気温の観測は高波長分解能センサーを用いて行われている．温度に関する量の推定であるから，熱を計測できる波長，例えば 15 μm 付近の赤外光が使われる．推定では赤外光の波長毎に気体による吸収の強さが異なる性質を利用する．よく使われる気体は二酸化炭素である．時空間的に大きく変動する気温に対して，二酸化炭素の大気中濃度変動は相対的に小さいため，気温の鉛直分布を推定するための手がかりとして利用できる．

観測原理を理解するために，まずは極端なケースを考えてみよう．ここで，ある波長 λ_1 は二酸化炭素による吸収がとても弱く，ある波長 λ_2 は強い吸収を受ける状況を想定する．このような状況で宇宙から地表を観測したとき，波長 λ_1 の赤外センサーは地表面付近の熱放射を検知する．λ_1 は二酸化炭素に対してほぼ透明であるため地表付近まで見通せるからである．一方の波長 λ_2 は，二酸化炭素による吸収が大きいため地表付近は見通せないが高高度領域が見える．このときの λ_2 は，主として大気上層の温度を見ていることになる．すなわち，このようなケースにおいて，λ_1 と λ_2 はそれぞれ地表付近および大気上層の気温を観測していることになる．ここで，λ_1 と λ_2 の間にさらに多くの波長を設定して観測することを考えつく．波長の変化に伴って二酸化炭素による吸収の強さがなめらかに変化するのであれば，気温を計測したい大気の高度が波長の変化に追随して地表付近から上空に向かってなめらかに移動することが期待できる．この原理を利用して気温の鉛直構造を決めていく．実際には，ある特定の波長が，特定の高度の気温の情報だけをもっているのではなく，ある高度をピークにしながらも上層と下層を含む範囲からの寄与がある．この寄与の強さは重み関数 $W(z)$ で表される．では，どのように気温の鉛直構造を決めていくのであろうか．衛星センサーの波長 λ で観測された輝度温度 T_λ は，各高度 z における気温 $T(z)$ と，λ での重み関数 $W_\lambda(z)$ の積を地表から大気上層まで足し合わせたかたちで表現される．したがって各高度での気温を求めるには，観測波長の数だけ立てた方程式を解くことになる．$W_\lambda(z)$ は放射の原理を用いて理論的に決めることができるが，$W_\lambda(z)$ 自体が気温に依存してしまうため，実際に解を推定する場面では反復計算しながらすべての条件を満足する最適解を探すという高度な技法が使われる．

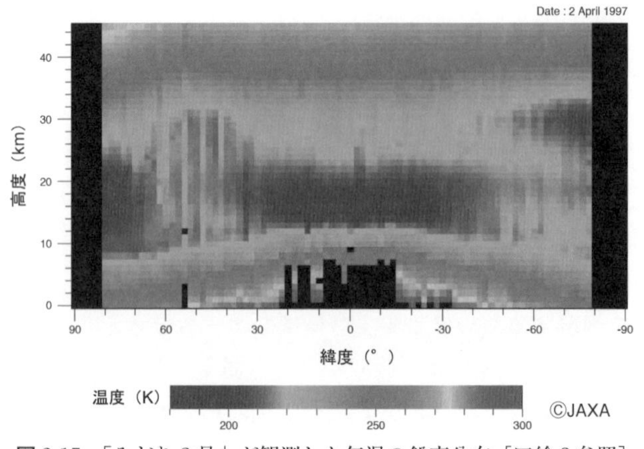

図 2.15 「みどり 2 号」が観測した気温の鉛直分布［口絵 3 参照］

(3) 観測例

図2.15に「みどり1号」衛星搭載IMGセンサーによる気温の鉛直分布の推定値を示す．図は1997年4月2日の1日分の全球規模の観測値を東西方向に平均したものである．この図からは地表から圏界面にかけて気温が減少している様子，そして圏界面から上では気温が上昇している様子を確認することができる．北緯70°以北の高度10〜20 kmにかけての低温域は通常とは異なる現象である．このように衛星観測からは地球での大気温度の構造を精度よく調査することが可能である．

2.3.5　分子成分の鉛直積算量推定

(1) 吸収線の強さと大気分子の濃度

マイケルソン干渉計を用いたセンサーは大気分子成分による吸収線ひとつひとつを分解できるため，それを解析することにより大気成分の種別や量に関する情報を得ることができる．そのようなセンサーのうち，最も先進的なものが「いぶき」衛星搭載TANSO-FTSである．TANSO-FTSは，太陽光を光源として，それが大気圏を通過し地面で反射され再び宇宙に返ってくる強さを波長方向に細かく分光しながら観測する．

TANSO-FTSの観測シグナルの例を図2.16に示す．図中に示すCO_2，CH_4などのふきだしは，大気分子成分による吸収波長の位置を示している．放射伝達計算を駆使することで，計測対象の大気分子の濃度と吸収の強さ，すなわち吸収線の深さの関係を事前に知ることができる．その関係を逆にたどることで，

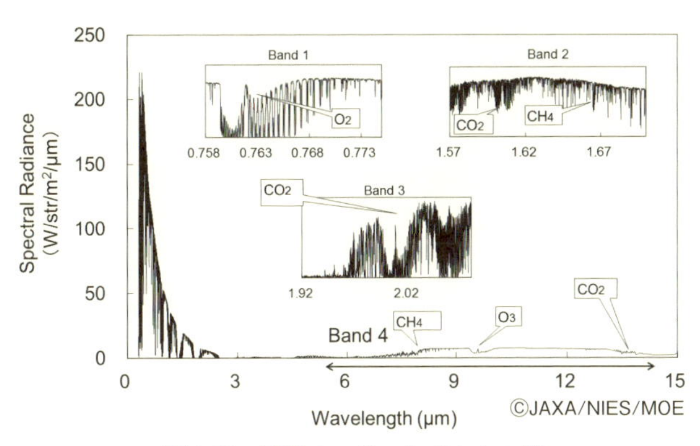

図2.16　FTSセンサーシグナルの例

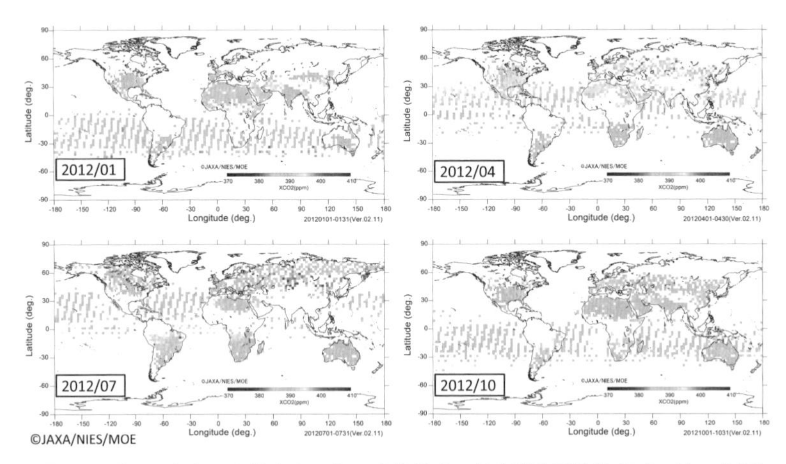

図 2.17　「いぶき」から推定された二酸化炭素の鉛直積算平均濃度［口絵 4 参照］

大気中に存在する特定の分子成分の濃度が判明する．なお，波長分解能が良いほど，ノイズが少ないほど観測精度が上がる．TANSO-FTS はマイケルソン干渉計の要である 2 枚の鏡の駆動機構に工夫を加えたことで高波長分解能と高空間解像度の両者を実現した．

(2)　観　測　例

図 2.17 に TANSO-FTS による観測から得られた 2012 年 1 月（左上），4 月（右上），7 月（左下），10 月（右下）の二酸化炭素の鉛直積算平均濃度を示す．この値は地表面から大気上端の中にある乾燥空気全量に対する二酸化炭素量の比率を示す平均濃度で，単位は ppm である．ppm というのは 100 万分のいくらかを示す数値である．計測値が存在しない領域は白ぬきになっている．通常，二酸化炭素濃度は陸域の植生活動（光合成と呼吸）の影響をうけるため，北半球では植生が不活性になる冬から春にかけて高濃度になり，夏期に低濃度になることが知られている．南半球はかなりの面積が海洋であるため植生活動の影響をあまりうけず北半球のような大きな変動は起こらない．これらの傾向は図 2.17 でも明瞭に確認することができる．従来，大気中二酸化炭素の観測は限られた数の地上観測点でのみ実施されていた．図でみたとおり，衛星によるリモート観測は観測地点数を飛躍的に増加させることに成功している．しかも，衛星観測では性能が明らかになっている 1 つのセンサーで全球のすべてを観測するため，観測地点毎の観測精度のばらつきが少ないという特長がある．

コラム 4 ◆ 処理レベルに応じたデータの名称

地球観測衛星データには，その処理段階に応じたレベルがある．例えば，Level-1B というのは，ラジオメトリック補正と幾何補正が施された観測値（輝度値や輝度温度値）のデータである．略して L-1B などいわれることがある．補正が必要な理由について，簡潔に説明してみよう．まず，前者のラジオメトリック補正であるが，これは放射量の歪みを補正するものである．衛星センサーが地上に伝送してくるデータは，センサー検知器の電気信号を有限のビット数，例えば近年のセンサーでは 12 ビットでデジタル化した数値である．検知器素子が複数あるセンサーの場合は素子毎に感度に微少な差が生じているのが普通であるし（イメージングセンサー型のセンサーで画像に縞が生じる原因），得られた電気信号を物理的な意味を有する数値，例えば輝度や輝度温度に変換するときにも補正が必要である．次に幾何補正であるが，これは主として衛星の移動や姿勢の変化などに関係した歪みを補正するものである．衛星は軌道上を周回する際に複雑な摂動力がかかるため，時間の経過とともに軌道が徐々にずれ，また姿勢もずれる．そのため，観測画素が示す地上の位置に関しても，衛星の軌道情報と姿勢情報をもとに補正する必要があるのである．

表 2.1 にデータのレベルとその内容について記してみた．ほとんどの地球科学系の研究者は Level-1B 以降のデータを使用することになるだろう．例えば衛星輝度値から物理量を推定するアルゴリズムを開発する研究者は，Level-1B に接する機会が多い．衛星データから推定された物理量を利用する気象や気候の研究者，プロセス研究に携わる研究者などの多くの地球科学者，そして報道機関等は Level-2 あるいは Level-3 を利用する機会が多い．衛星プロジェクトが成果を公表するときの図表は多くの場合，Level-3 である．Level-2，-3 をまとめて「高次プロダクト」と呼ぶことがある．本書の読者の多くは Level-1B～Level-3 を使うことになると考えられる．少数の研究者あるいは技術者，たとえばラジオメトリック精度や幾何補正精度を調査や改善をするような場合は Level-1A を利用することになる．Level-0 へアクセスするのは，センサ

ー開発機関に所属する少数の技術者だけであろう.

表 2.1　衛星データのレベル名称，内容，保存場所，想定ユーザ

レベル		内容	保存場所（管理者）	想定ユーザ
Level-0		地上受信局で受信されたままのデータ. 観測日時，センサー信号（電気信号），内部校正機器の情報，衛星姿勢情報，等は別々に管理されている.	センサー開発機関 （JAXA，気象庁など）	センサー開発機関の技術者
Level-1	A	Level-0 に 1 次処理を施し，センサー信号とその信号を補正するための補正値等に整合性を有したデータ．ただし補正値等はまだセンサー信号に適用されていない.	センサー開発機関 （JAXA，気象庁など）	ラジオメトリック補正，幾何補正に携わる技術者と研究者
	B	Level-1A に格納されていたセンサー信号にラジオメトリック補正（素子間感度補正，輝度補正），幾何補正が施され，メタデータ等とともにパッケージ化されたデータ．多くの研究者は Level-1B 以降を使用する.	センサー開発機関 およびデータクラウド	リトリーバル・アルゴリズムの開発に携わる研究者 衛星画像を必要とするユーザ
Level-2		Level-1B から推定された物理量等のデータ. 「高次プロダクト」と呼ばれる.	センサー開発機関 およびデータクラウド	地球科学の研究者 検証に携わる研究者，等
Level-3		Level-2 データに空間的・時間的な統計処理が施されたデータ．メディアで報道される画像は Level-3 を可視化したものであることが多い.	センサー開発機関 およびデータクラウド	地球科学の研究者 報道機関，等

◇◇◆ 2.4 ライダーと雲レーダー ◆◇◇

2.4.1 概 要

前節までは，主に太陽放射あるいは地球放射を光源とした観測，すなわち「受動」的な観測手法について説明してきた．受動型センサーによる観測はもっぱら観測対象物の水平的な分布を観察するのに適しており，複数の隣接した波長を用いるサウンディングを除けば，得られる物理量は鉛直積算値である．しかしながら，雲やエアロゾルなどの大気現象は地上から数十 km 上空という広い高度範囲で発生することから，鉛直の構造の把握が必要になる場面が多々発生する．そこで，センサーみずから電磁波を発振し，観測対象物に当たってセンサーに戻ってくる散乱電磁波の強度と発振から受信までに要する時間を同時に計測する能動型のセンサー，いわゆるレーダーを使うことを考えてみよう．

2.4.2 能動型センサー

能動型センサーは一般にレーダーと称される．大気観測に利用されるレーダーのうちで，近紫外線（0.35 μm）から近赤外波長領域（約 1 μm）のレーザー光源を用いたものをレーザーレーダー，あるいはライダー（LIDAR）と呼ぶ．波長が短い電磁波を使うライダーは小さな粒子にも強い感度をもつため，エアロゾルや雲粒の検出に特に威力を発揮する．一方，マイクロ波（14 GHz＝波長約 20 mm）やミリ波（94 GHz＝波長約 3 mm）などの電波領域を光源に使用したレーダーもある．マイクロ波レーダーは雨滴に，ミリ波レーダーは雲粒に感度をもつ．2.4.4 項ではミリ波レーダーによる雲粒観測を例にする．

2.4.3 ライダーによる大気観測

ライダーは装置みずから近紫外から近赤外のレーザー光を発振し，雲粒やエアロゾル粒子で後方に散乱されて戻ってくる光を受信器で捉えるレーダーの一種である（図 2.18）．レーザー発振器と受信器のセットで構成される．最も基本的なライダーシステムは，観測対象物に散乱されて戻ってきた光を検知器やフォトン計数器で計測する方式である．主として波長と同程度の大きさをもつエアロゾル粒子や雲粒子による後方散乱光を計測することを目的としているため，粒子の大きさが波長と同程度の場合に適用できる散乱理論であるミー

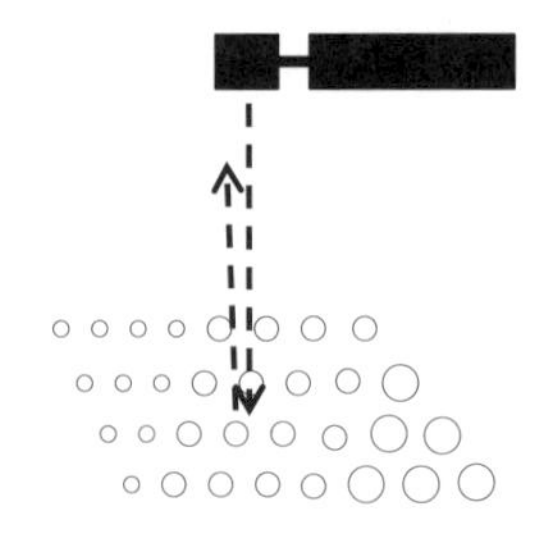

図 2.18　レーダーによる大気観測

(Mie) 散乱に由来して，ミーライダーとよばれることがある．ミーライダー以外にも，大気成分によるラマン散乱を計測するラマンライダー，大気分子による吸収の強さが少しだけ異なる2つの隣接する波長の信号比から大気分子の濃度空間分布を求める差分吸収ライダー(DIAL（ダイアル）) などがある．

(1) ライダー方程式の簡単な説明

ライダー受信器が検知する光子数 $N(R)$ は簡単なライダー方程式で記述することができるので，紹介してみよう．

$$N(R) = nN_0C_\mathrm{L}\beta(R)\frac{\Delta R}{R^2}\exp\left(-2\int_0^R \alpha(R')\,dR'\right)$$

この式に含まれるパラメータや定数についてであるが，まず n はレーザー発振のショット数，N_0 が1ショットあたりに射出される光子の数，C_L はライダーシステム設計に依存するパラメータで，光学系全体の透過率，受信器が検知できる光子の確率，受信機望遠鏡の受光面積等で決まる．R はライダー発振器からターゲットとなる散乱体までの距離で，レンジとよばれる．ΔR はレンジ分解能と呼ばれ，ライダーの幾何学的な距離分解能である．例えば $\Delta R = 100\,\mathrm{m}$ と設定すれば深さ方向で 100 m 毎の情報が得られる．ここまでに示したパラメータは装置固有の数値あるいはデータ処理の細かさなど，いずれもライダー装置の設計段階で決められるパラメータであるから，データを利用するユーザーがあれこれ思い悩む必要はない．残りの α と β がライダー方程式における未知数である．α は観測する大気層の消散係数で，光に対する大気の通りにくさに関するパラメータである．直感的に人間の目で見て大気が霞んでいれば α は大きい．α は大気分子と散乱体の微物理特性と波長で決まる量である．ライダー方程式には α にかかる積分が1つ出てくる．この積分は，レーザー発振器から観測ターゲットまでの大気層の光学的な厚さを計算するもので，その証拠に消散係数αが距離0からRまで積分されている．積分に係数2がかかっているのはレーザー光が発振器から対象物までの間を往復するからである．βは後方散乱係数と呼ばれ，光子を後方に跳ね返す程度を決めるパラメータであり，これも散乱体の微物理特性と波長で決まる．ところで，ライダーが観測する情報は$N(R)$ひとつであるのに対して未知数が2つある．したがって数学的な意味では，このライダー方程式は不定である．そこで，消散係数と後方散乱係数の関係（sパラメータ）を仮定して未知数を減ずる方法がある．sパラメータは，散乱粒子の形状や屈折率（材質），波長と粒子の大きさから決まる．ライダー方程式を安定的に解く方法がいくつか提案されている．基本的な解析手法にクレットの方法（Klett, 1981）とフェルナルドの方法（Felnald, 1984）がある．クレットの方法では，消散係数$\alpha(R)$と後方散乱係数$\beta(R)$の間にべき乗の関係を仮定し，遠方で境界条件をあたえて安定解を導く方法を提案した．フェルナルドの方法は，大気分子成分の散乱が無視できない場合に適用される．この方法ではαとβをエアロゾルの成分と大気分子の成分にそれぞれ分けて考える点がクレットと異なる．

(2) レーザー発振器

ライダー方程式を再度眺めてみると，$N(R)$が距離Rの2乗に逆比例，すなわち距離が長くなるとシグナルが急激に減少することがわかる．衛星観測は，比較的軌道高度の低い極軌道衛星の場合であっても衛星と観測対象までの距離が数百kmあるため，高出力のレーザー送信器が必要となる．例えば世界初の宇宙からのライダー観測計画としてスペースシャトルに搭載されたLITE（ライト），そして「カリプソ」衛星搭載CALIOP（カリオプ）ライダーでは，高出力で定評があるNd：YAGレーザーが使われている．「Nd：YAG」はイットリウム（Y）・アルミニウム（A）のガーネット構造結晶（G）にネオジウム（Nd）を添加（：）したことの表記であり，発声するときは「ネオジウム・ドープト・ヤグ」などという．Nd：YAGレーザーの基本波は1.06μmである．第二高調波，第三高調波の0.532μm，0.355μmと併せて，衛星からの観測はもちろんのこと，産業用，医療用などとしても広く用いられる強力なレーザーである．

(3) ライダーにおける偏光の利用

大気の偏光観測の節（2.2）でも述べたとおり，衛星による観測では偏光情報がしばしば活用される．直線偏光で発振されたレーザー光がエアロゾルや雲粒などの散乱体にぶつかるときの偏光状態の乱れから散乱粒子の非球形性を推定することができる．レーザー光の偏光状態は球形粒子では変化しないが，非球形粒子では大きく乱されることを利用したものである．

2.4.4　レーダーによる雲の観測

雲レーダーは，W バンド帯の周波数 94 GHz のミリ波を使用したレーダーである．直径数十 μm の雲粒から直径数 mm の霧粒のあたりの粒径に強い感度をもっている．雲の内部を探査することができるため，大気の動きや雲物理の研究において活発に利用されるようになってきた．他の多くの衛星センサーも同様であるが，最初に地上設置型の雲レーダーが開発され，続いて航空機搭載型が試され，最終的に衛星に搭載された．2006 年に NASA が打ち上げた「クラウドサット」衛星搭載 CPR（Cloud Profiling Radar）は，感度 −26 dBZ の性能を有す世界初の衛星搭載雲レーダーである．「クラウドサット」衛星は「アクア」衛星や「カリプソ」衛星などと同じ A-Train 観測衛星群をなし，高度約 705 km の太陽同期極軌道衛星を周回している（図 2.19）．

(1) レーダー方程式の簡単な説明

レーダー受信器が検知する受信強度 P_r は，先に示したライダー方程式と似たレーダー方程式で記述することができる．

$$P_r(R) = P_{in} C_R |K|^2 Z_e(R) \frac{\Delta R}{R^2} \exp\left(-2\int_0^R \alpha(R')\,dR'\right)$$

簡単なパラメータや定数から説明しよう．P_{in} はレーダー発振器のパワー，C_R はレーダーシステム設計に依存するパラメータで，アンテナ特性と波長などで

図 2.19　A-Train の概念図

決まる定数である．K については後にまとめて述べる．R はレーダー発振器からターゲットとなる散乱体までの距離でレンジと呼ばれる．ΔR はレンジ分解能と呼ばれ，レーダーの幾何学的な距離分解能である．ここまでに示したパラメータや定数は装置固有の数値あるいはデータ処理の細かさなど，いずれも事前に決められるパラメータである．消散係数 $\alpha(R)$ はライダー方程式の項で説明したので割愛する．最後に説明する Z_e が最も重要なパラメータである．Z_e は正式には有効レーダー反射因子といい，大気中の単位体積（$1\,m^3$）に半径 r をもつ水滴（散乱体）が N 個含まれていた場合，$Z_e \propto Nr^6$ となることが期待されている．ここで単位体積中の水や氷の総体積 q が一定であるとして $Nr^3 = q$ を用いると，$Z_e \propto qr^3$ となる．つまり水や総体積が一定である場合の Z_e は，半径の3乗に比例，雲水量には1乗比例することがわかる．なお，Z_e の値はダイナミックレンジが非常に大きく，このままでは表記が不便であるため，通常は対数をとったデシベル値，つまり $dBZ_e = 10\log_{10} Z_e$ に変換して用いることが多い．表2.2に Z_e と dBZ_e の関係をまとめた．例えば，2006年に打ち上げられた「クラウドサット」衛星の雲レーダーの感度は－26 dBZ，2010年代中頃に打ち上げ予定の「アースケア」衛星搭載雲レーダーの感度は－36 dBZ である．すなわち，「アースケア」は「クラウドサット」よりも10倍感度が良い．

ここで Z_e を定式化すると，

$$Z_e(R) = \frac{\lambda^4}{\pi^5 |K|^2} \int_{r_{\min}}^{r_{\max}} \frac{dn(r,R)}{dr} C_b(r,R)\,dr$$

とかける．λ はレーダーの波長，π は円周率，$n(r,R)$ はレンジ R の位置の大気において半径 r をもつ粒子の個数である．C_b はレーダー後方散乱断面積と呼ばれる量である．最後に，レーダー方程式と Z_e の定式化の両方に含まれている K について説明する．K は使用するレーダー波長における散乱体の複素屈折率 $\tilde{m}$

表2.2　有効レーダー反射因子 Z_e と dBZ_e の関係

dBZ_e	Z_e（mm^6/m^3）
－10	0.1
－20	0.01
－26	0.0025
－30	0.001
－35	0.00025

を用いて，$|K|=|(\tilde{m}^2-1)/(\tilde{m}^2+2)|$ と書くことができるので，散乱体の物性が決まれば定数とみなせる.「クラウドサット」衛星搭載雲レーダーのプロダクトに格納されている情報は，W バンドの周波数 94 GHz に対する水の屈折率から導かれる $|K_{\mathrm{water}}|=0.75$ という固定値で処理した dBZ_{e} である（Stephens et al., 2008）．例えば高次処理において dBZ_{e} から雲氷量を推定するような場合には，氷の屈折率から導かれる $|K_{\mathrm{ice}}|$ を用いて $Z_{\mathrm{i}}=Z_{\mathrm{e}}\cdot|K_{\mathrm{water}}|^2/|K_{\mathrm{ice}}|^2$ の変換を行ってから処理を行う.

(2) 衛星搭載雲レーダーによる停滞前線の観測事例

図 2.20 は 2006 年 7 月 8 日の日本時間午後 13：25 頃に「クラウドサット」が日本海から太平洋にかけて観測を行ったときに雲レーダー CPR で観測されたレーダー反射因子 dBZ_{e} である．この図では地上から上空 30 km までの雲の断面図が見えている．青から緑色が比較的弱いレーダーエコー，黄，赤，紫色になるにしたがってエコーが強くなる. レーダーエコーが強くなるにしたがって，雲水（氷）が増加あるいは雲粒サイズが増大していることを意味する．この図では，衛星が山陰中国地方に近づくにつれ高度 10～15 km あたりに高層雲が現れ，続いて中国山地を越えたあたりから四国にかけて低層の雨雲が広がり，太平洋に抜けたところに海面から高度 16 km にいたる活発な雲が存在していたこ

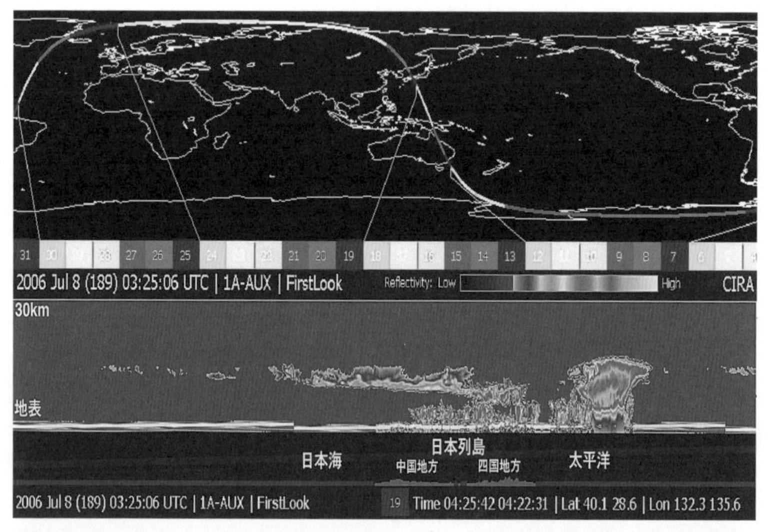

図 2.20 「クラウドサット」衛星搭載雲レーダーによる大気断面図［口絵 5 参照］

とが判読できる．高層と低層で雲が2層になっている様子も明瞭に判別できる．当時の天気図をみると九州北部と紀伊半島南端を結ぶ東西線に沿って停滞前線が横たわっており,「クラウドサット」衛星は四国南岸付近でこの前線を横切った（図2.21）．気象庁の観測によると，当時は高知県において10分間雨量5.5 mm（起時 13：28）という強い雨が降っており，CPRはその時刻前後における雲内部の様子を宇宙から明瞭に捉えていたことになる．このように，地上付近の気象情報と衛星搭載雲レーダーと結びつけることでより詳しい気象情報を得ることができ，例えば雲成長モデルの検証データとして活用することで今後の降雨予報の高精度化に貢献すると考えられる．

(3) 雲レーダーとライダーによる高精度な雲識別

雲レーダーは高精度な雲量の観測にも貢献する．雲量は地球スケールでの水循環や放射収支を見積もるために必要になる最も基本的な量の1つである．衛星に搭載された可視赤外イメージングセンサーは広い範囲を短時間に観測でき

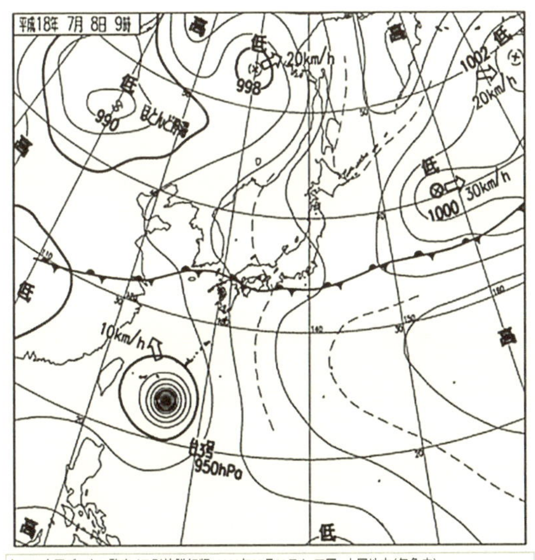

毎日の全国データ一覧表（日別値詳細版：2006年07月08日）四国、中国地方（気象庁）

地点	平均雲量	降水量						天気概況	
		日合計	日最大					06:00-18:00	18:00-翌06:00
			1時間	起時	10分間	起時			
高知	10	23.5	11.5	13:58	5.5	13:28		曇時々雨	雨時々曇

図 2.21　2006 年 7 月 8 日の天気図

るため，全球規模の雲量評価に用いられているが，雪氷面や砂漠域など比較的明るい地表面上の雲の検知にエラーが混入しやすい．加えて，そもそも雲の有り無しというのは必ずしも明瞭に定義できるものではなく，例えば光学的に薄い絹雲がある場合にそれを晴・曇のどちらに分類するのかなど，曖昧さがつきものである．しかし，取りこぼしエラーの大きさや曖昧さの定量化を行う場合には，リファレンスとして高精度な雲観測が必要となる．このような場合に雲の高度分布が検出できる雲レーダーの利用が有効である．図2.22は「クラウドサット」衛星搭載CPRのレーダー反射因子（上図）と「カリプソ」衛星搭載カリオプの後方散乱係数（中図），そしてその2つを組み合わせた雲フラグの図（下図）である（Okamoto et al., 2007/2008；Hagihara et al., 2010）．これらの図を詳細に見てみると，CPRは雲頂から雲底までの全層の様子をおおまかに捉えているが，光学的に薄い部分は見逃しがちである．一方のカリオプは薄い雲にも敏感に反応しているが，雲が厚い場合には，かえって雲頂から下の見通しが悪くなる．CPRとカリオプの組み合わせは得意分野と不得意分野を補い合う関係にあり，結果，取りこぼしの少ない雲検出結果が得られている．なお，現在の衛星搭載雲レーダーやライダーは軌道直下という狭い範囲のみ観測するた

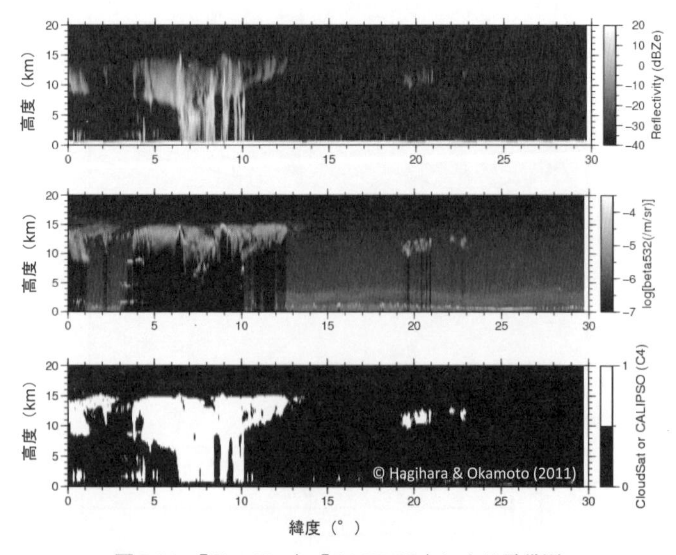

図 2.22 「CloudSat」+「CALIPSO」による雲識別
上段：「クラウドサット」レーダー反射因子，中段：「カリプソ」後方散乱係数，
下段：両者から作成された複合雲フラグ．

め，空間的な広がりの観測では可視赤外イメージングセンサーが勝る．そこで雲判別では受動型イメージングセンサーと能動型レーダーの組み合わせが重要となる．

(4) 雲レーダーとライダーの複合解析による雲粒径の推定

現在の雲レーダーは観測波長が94 GHzひとつであるため，得られる情報は1つである．雲水量と雲粒の大きさ（あるいは雲粒数と雲粒の大きさ）という2つの未知数に対して波長が1つであるから，厳密な意味では未知数を解くことができない．ちなみに，これはライダーを単体で用いたときも事情は同じである．しかしながら，雲レーダーとライダーの波長の違いに起因する粒子への感度の違いを活用することで，雲粒子のサイズに関する情報を抽出することができる（Okamoto et al., 2003）．具体的には，レーダー反射強度が粒子の半径の3乗に比例，ライダー後方散乱が半径の1乗に比例するという両者の相違をうまく利用する．粒径への感度に違いがあれば，それが独立な情報になりうるのである．実際の観測データから雲水量と雲粒の大きさを推定するにはレーダーとライダーが同じ雲を検知している必要がある．一般に雲レーダーは厚い雲の全層を観測できるが，ライダーが十分な感度をもつのは光学的厚さ3程度までの範囲でその先が見通せない．すなわち光学的厚さ3程度までの比較的薄い雲，あるいは厚い雲であっても手前から光学的厚さ3程度のあたりまでの雲特性の解析が可能である．すなわち雲レーダーとライダーの複合アルゴリズムでは光学的に厚い雲を解析することは難しい．この問題を解決する切り札がドップラー速度の利用である．粒子の落下速度はサイズに依存するから，レーダー反射因子とドップラー速度の併用から雲水量と粒子サイズを決定できる．ドップラー観測機能を有する雲レーダーとしては2010年代後半に打ち上げを予定している「EarthCARE（アースケア）」(Earth Clouds, Aerosols and Radiation Explorer）衛星搭載雲レーダーがある．

(5) 雲粒成長の観測

極軌道を周回する「クラウドサット」衛星の地上観測頻度は1日1回程度と少ないため，そのままでは時間変化が速い雲の成長過程を時系列的に追跡することは難しい．そこで，観測で無数に得られるCPRによる雲の断面観測を，何らかの指標を頼りに雲粒成長の各ステージに分類し，ステージ毎の平均的な鉛直構造を求めるのが，今のところ現実的である．暖かい雨をもたらす層状の水雲では，雲頂付近の雲粒の大きさが雲粒成長の指標になることが近年の研究によって見出された．雲頂付近の雲粒半径観測は，従来から可視赤外イメージングセンサーが得意とする分野である（Platnick et al., 2003, Nakajima et al., 2010）．なかでもNASAの「アクア」衛星搭載MODISセンサーは代表的な可視赤外イメージングセンサーであり，これは「クラウドサット」衛星と観測位置と観測時刻がほぼ同一であるなど好都合である．そこで，「アクア」衛星搭載MODISで推定した雲頂付近の雲粒半径の大きさによって「クラウドサット」に搭載されたCPRのシグナルをグルーピングし，各グループにおけるレーダー反射因子 dBZ_e の高度別出現頻度を作成してみたところ，雲成長の各ステージにおける代表的な分布が明らかになった（Nakajima et al., 2010；Suzuki et al., 2010）．図2.23がその代表的な結果で，CFODD（シーフォッド）(Contoured Frequency by Optical Depth Diagram）図と呼ばれる．図2.23では，MODISが推定した雲粒半径が増大するにしたがってレーダー反射因子の高度別出現頻度が連続的かつ単調的に変化している様子がわかる．例えば，MODISの2.1 μm チャンネルで推定した雲粒半径（以下，R_{21} と記す）が10 μm 程度の小粒径グループに属するCPRレーダー反射因子の大部分は−20 dBZ 以下に含まれている（図2.23 (b)）．−20 dBZ 付近のシグナルは雲粒の大きさの雲粒子によるものと考えられており，整合的に理解しうる．R_{21} が14 μm を超え始めると中層

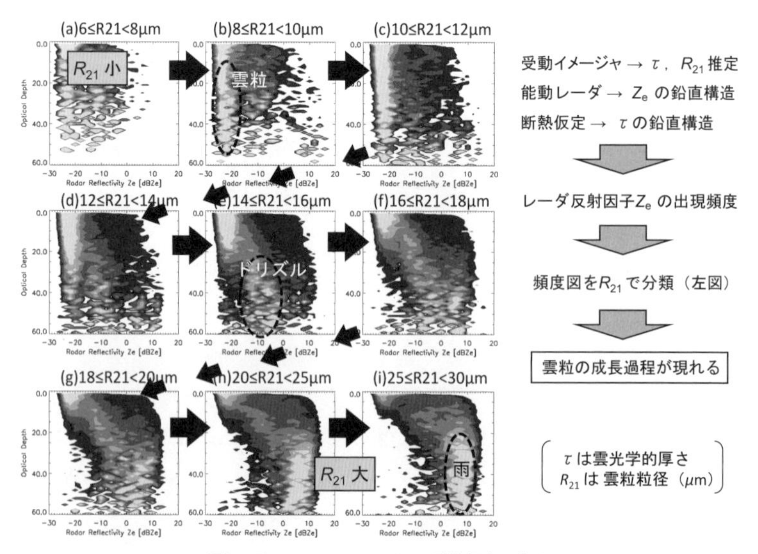

図 2.23　CFODDによる雲断面の表現

付近に変化が出てくる．レーダー反射因子が高頻度となる領域は霧粒粒子のシグナルである -10 dBZ 付近に徐々に遷移し始める（図 2.23 (e)）．さらに R_{21} が 20 μm を超えると下層に変化が現れ始め，ここではレーダー反射因子の高頻度領域は雨粒粒子のシグナルである 0 dBZ より大きな領域に遷移する（図 2.23 (i)）．なお，この図では雲頂の位置を統一するため，鉛直軸に雲頂からの光学的深さ（optical depth，τ）をとってあるので注意されたい．

このように，受動型センサーと能動型センサーを複合的に利用することによって雲粒成長過程の鉛直構造の一端を明らかにすることができた．では，なぜ R_{21} による分類で雲の成長過程を追跡できるのであろうか．「クラウドサット」と「アクア」衛星は太陽同期極軌道衛星を周回しているため，地上の特定地域の観測は 1 日に 1 回程度である．したがって特定の雲に注目して物理特性の時間変化を分単位で追跡する観測はできない．しかし全球規模の観測で得られた無数の観測画像には雲の様々な成長段階が含まれていることは容易に想像できる．図 2.23 は時系列観測の結果ではないが，統計的には時系列に並べたことと同義になっている．CFODD の理解については様々な研究が継続されているが，受動型センサー MODIS から推定された粒径（R_{21}）自体が雲成長の情報を有している，すなわち雲が発生して減衰にいたるまでの一生にともなって，R_{21} が徐々に単調増加するという説が有望である．

◇◇◆ 2.5　衛星による放射収支の測定 ◆◇◇

2.5.1　概　要

地球の大気を暖め，大気を駆動するのに用いられるエネルギー源は太陽である．地球は，恒常的に入射してくる太陽放射のある一定の割合を，雲やエアロゾル等の大気中微粒子，大気分子成分，あるいは地表面によって散乱・反射することで宇宙空間に戻している．現在の理解では，地球にやってくる太陽エネルギー（全球平均で 342 W/m^2）を 100 とすると，雲・エアロゾル・大気分子によって 22 が散乱されて宇宙に戻り，大気によって 20 が吸収され，地表に到達するものは 58 である．地表に達した 58 のうち 49 までは地表面に吸収され，残りの 9 は地表における反射で宇宙に戻っている．地球に入射した太陽放射量に対する反射された放射量の比（反射率）を地球の惑星アルベドという．上記の収支の例ではアルベドは約 0.3 である．宇宙空間に戻らない残りの太陽放射は，地球表面や地球大気で吸収された後に熱に変換され，地球表面を暖め，大気の駆動等に使われる．一方で，地球自身は地球放射を射出することで宇宙空間に熱を逃がしている．以下の項では，まず地球における熱収支を巨視的に理解し，次に熱収支を観測する手段について考えてみよう．

2.5.2　放射平衡

入射する放射量と射出する放射量がつり合うことで惑星の温度が変化しない状態を，放射平衡といい，そのときの惑星の温度を放射平衡温度という．

(1) 放射平衡温度の簡単な求め方

地球の放射平衡温度は次のような式で求められる．変数の右下にEがついた変数や定数は地球に特有の量であることを意味する．それ以外のπ（円周率）やσ（ステファン–ボルツマン定数）は定数である．

$$\pi R_{\mathrm{E}}^2(1-A_{\mathrm{E}})S_{\mathrm{E}}=4\pi R_{\mathrm{E}}^2\varepsilon_{\mathrm{E}}\sigma T_{\mathrm{E}}^4$$

この式の捉え方であるが，まず左辺は地球が吸収した太陽放射量を，右辺は地球から熱として射出される放射量を意味する．S_{E}は太陽と地球の平均距離における太陽放射フラックス密度（地球という惑星に限定すれば，S_{E}は定数と考えられるので太陽定数と呼ばれる）である．太陽定数は単位面積が単位時間にうける太陽の放射エネルギーである．A_{E}は地球の惑星アルベドで，入射する太陽放射のうち宇宙に向けて反射する割合を意味する．左辺は地球が吸収する太陽放射で，太陽定数S_{E}に地球の断面積πR_{E}^2と吸収率（$1-A_{\mathrm{E}}$）を掛けてある．一方の右辺については，熱放射が地球表面から四方八方に均等に放射されていると仮定し，地球の表面積$4\pi R_{\mathrm{E}}^2$に地球の射出率ε_{E}と地球表面の絶対温度T_{E}による黒体放射のフラックス密度σT_{E}^4（ステファン–ボルツマンの法則）を掛け合わせたものからなる．これが地球から熱として射出される地球放射である．図2.24に太陽放射の入射と地球放射の射出の概念図を載せたので参照されたい．

ここで式に具体的な数値を入れてみよう．$S_{\mathrm{E}}=1366$ [W/m^2]，$A_{\mathrm{E}}=0.3$，$\sigma=5.67\times10^{-8}$ [J/m^2/K^4/s]，そして仮に黒体を仮定した$\varepsilon_{\mathrm{E}}=1$を用いて式を解くと，地球表面の放射平衡温度$T_{\mathrm{E}}=255$ Kが導かれる．大雑把ではあるが地球の状態の計算が簡単にできることに驚く．参考までに地球の内外隣の金星と火星についても同様にして放射平衡温度を求めてみると表2.3のようになる．金星の放射平衡温度224 Kが地球の放射平衡温度よりも低くなっているのが意外で

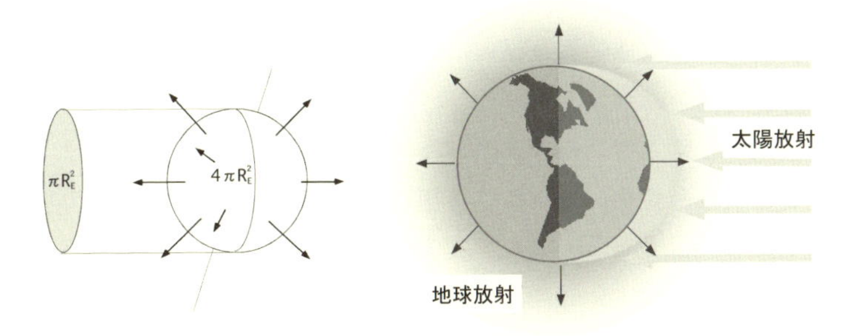

図 2.24　放射平衡

表 2.3　惑星の放射平衡温度と地表面温度

惑星	太陽からの距離（天文単位）[1]	太陽定数（W/m²）	惑星アルベド[1]	放射平衡温度（K）	地表面温度（K）[2]
金星	0.7233	2611	0.78	224	735
地球	1	1366	0.3	255	288
火星	1.5237	588	0.16	216	228

[1] 理科年表プレミアム，2015，[2] 浅野正二，2010，大気放射学の基礎

あるが，金星の惑星アルベドが 0.78 と大きいため，太陽放射のかなりをそのまま宇宙空間に戻しているからである．実際の惑星の表面付近の温度は表 2.3 に示すように放射平衡温度よりも多かれ少なかれ高い温度となる．これは，温室効果ガスによる温室効果がはたらいているからである．例えば地球の放射平衡温度は絶対温度で 255 K，摂氏では −18℃であるが，温室効果がはたらいた結果 288 K（+15℃）になる．金星の地表面付近の気温は地球の気温よりもはるかに高い 735 K であり，灼熱環境である．これは金星の大気が二酸化炭素を多く含む組成であるため，温室効果がより強くはたらいていることで説明できる．

2.5.3　放射の影響パラメータ

放射収支というのは，すなわちエネルギーの収支決算である．先の放射平衡の式は地球の温度に関する 1 つの状態を理解するには便利であるが，気候変動のような実務レベルの検討を行うにはいかにも大雑把である．例えば，地球の惑星アルベド $A_E = 0.3$ は太陽放射（短波放射）に対する平均的な地球の反射率である．しかし，地球上には比較的暗い水面，少し明るい植生面，さらに明るい市街地や砂漠域，そして非常に明るい雲や雪氷面があり，それぞれ太陽放射の反射率が異なる．雪氷面や植生面は1年をかけてゆっくりと季節変動する一方で，雲はわずか数時間で発生から消滅にいたるような速さで変化する．放射収支に影響を与えるパラメータとしては，雲，エアロゾル，大気分子，地表面の状態（植生の状態，雪や氷の状態）などがある．これら影響パラメータの空間的分布とその時間変化，さらに放射特性の時間変動は，放射収支の見積もりにとって重要な要素である．現在ではこれらの観測を衛星観測が担っている．

2.5.4 衛星観測で放射収支を推定する

全球規模の放射収支の観測においては衛星観測の活用が有利である．放射量の推定における衛星観測の関与の方法は2つある．1つは広い波長帯域に感度をもつセンサーを宇宙に打ち上げ，上向きの短波放射と長波放射を直接計測する方法である．このような目的の代表的なセンサーとしてERBE（アービー）やCERES（セレス）がある．もう1つの方法は，まずはじめに衛星に搭載されたMODISのような分光放射計で雲，エアロゾル，大気分子，地表面状態などを測定し，次にこれらを放射伝達方程式への入力データとすることで放射伝達理論にしたがった放射収支を計算する手法である．手順は複雑であるが，放射収支の因果律，すなわち影響パラメータとその結果である放射収支の間にある関係を明らかにできるという利点があるため，近年気候研究で多用されている．広帯域放射計の結果と放射伝達方程式で計算された結果の整合性をみるために，広帯域放射計と可視赤外イメージングセンサーは1つの衛星に同時搭載されることが多い．以下に，広帯域放射計による観測例と，推定された影響パラメータを放射伝達方程式に入力して計算値を得る方法について紹介しよう．

(1) 広帯域放射計による観測

放射収支を宇宙から直接観測するセンサーとしてNASAが開発したのがERBEとCERESである．ERBEは1984年にスペースシャトルで打ち上げられた「ERBS」(Earth Radiation Budget Satellite) 衛星と，1984年と1986年に打ち上げられた2機の「ノア」衛星に搭載された．一方のCERESは「TRMM」衛星（1997年打上げ），「テラ」衛星（1999年），「アクア」衛星（2002年）に搭載された広帯域放射計である．このセンサーは反射短波放射，外向き長波放射，そしてトータル放射の3つの観測チャンネルを有している．図2.25は「テラ」衛星搭載CERESで取得されたインド洋における短波放射と長波放射の観測画像である（2003年2月11日）．インド洋に東西に並ぶ複数のサイクロンの

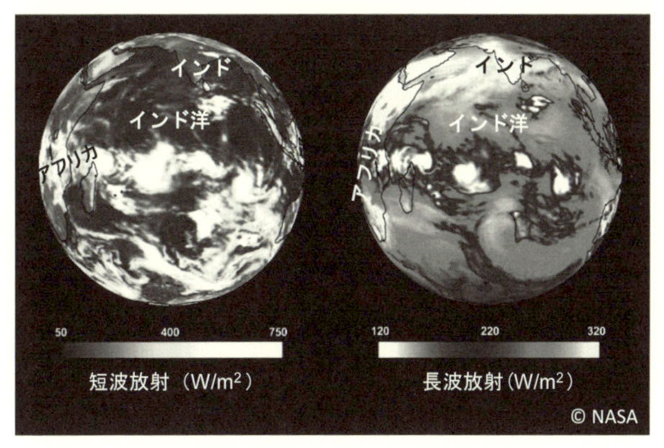

図 2.25　「テラ」衛星搭載 CERES で取得されたインド洋における短波放射と長波放射（2003 年 2 月 11 日；NASA Langley Research Center）［口絵 6 参照］

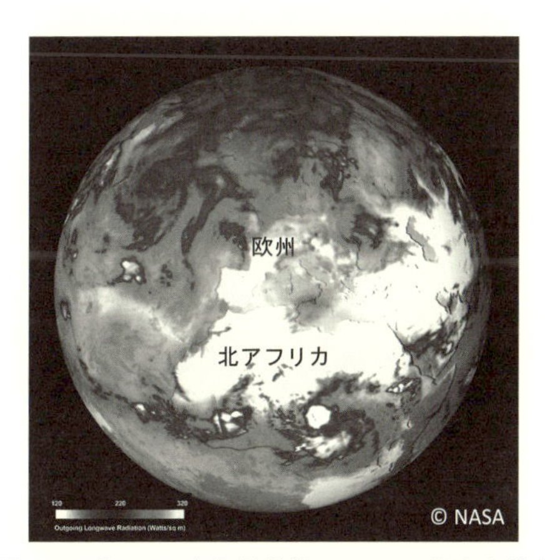

図 2.26　「アクア」衛星搭載 CERES が捉えた熱波（OLR）（2003 年 8 月 4 日；NASA Langley Research Center）［口絵 7 参照］

場所では短波放射が強くなっており，また長波放射が減少している．これは太陽光を多く宇宙に逃がし，同時に低い温度である様子を示している．もう 1 点，図 2.26 は 2003 年 8 月に欧州地域に甚大な被害をもたらした熱波の様子を「アクア」衛星搭載 CERES が捉えた画像である．ポルトガル，スペイン，フランスにかけての欧州各国地域において外向長波放射が大きくなっており，北アフリカや中東と同程度までになっている様子がわかる．このように，衛星に搭載された広帯域放射計は，太陽放射や地球放射と各種影響パラメータの相互作用の結果である放射収支を計測してくれる．

(2) 推定物理量を元にした放射収支の計算

前項 (1) では放射収支を宇宙から直接観測する方法について述べた．放射収支を得るもう1つの方法がある．それは衛星観測と理論計算の併用である．まず，可視赤外イメージングセンサーを用いて雲やエアロゾルなどの影響パラメータを推定する．そして次のステップにおいて，推定された雲エアロゾルなどの影響パラメータを放射伝達方程式に入力して，理論計算から放射量や収支を計算するのである．ここでは我々の身近な衛星である「ひまわり」を利用した放射量の計算手法について紹介しよう．「ひまわり」は地上約36000 kmの静止軌道に位置し，10分〜30分に1回という高頻度で衛星が正対する地球の面の観測を行うことができる．「ひまわり」搭載イメージングセンサーデータの解析から得られた雲などの影響パラメータをもとに放射計算を行えば，例えば地上における下向き短波放射量を計算することができる．なお，地上における下向き短波放射量は，宇宙からの広帯域放射計観測では直接計測できない値であり，地上観測を除けば，このような理論的な計算がそれを広範囲に推定するための唯一の手法である．また，日射の直達成分と散乱成分の分離，あるいは人体にとって有害な紫外線に限定した放射計算など，必要に応じて算出する放射量をカスタマイズできることも注目すべき利点である．このうち有害紫外線の実況解析は，健康被害予防に向けた実利用が考えられる．また，下向き短波放射のスペクトルを再生可能エネルギーの主力機器である太陽電池パネルの波長依存性を考慮しながら積分すれば，太陽光発電量への変換も可能となる．

図2.27 (a) は，ひまわりの可視チャンネル観測輝度から推定した波長0.5 μmにおける雲の光学的厚さの図である（アルゴリズムについてはNakajima and Nakajima, 1995を参照）．光学的厚さというのは，光に対する雲などの散乱体の厚さのことで，幾何学的な厚さとは異なる量である．たとえば雲に入射する太陽光の輝度をL，雲を透過した直達光の輝度をL'としたとき，$L'=L\times\exp(-\tau)$ となる（図2.28）．ここでのτが光学的厚さで，無次元量である．具体的には$\tau=1$のときには直達透過光は入射光の$1/e$，すなわち約2.7分の1に減ずる．直感的には，昼間に曇天の空を見上げたとき，雲を通して太陽の位置がおおよそわかればτは10以下，太陽の位置がわからなければ10以上である（図2.29）．$\tau=10$のとき直達光は入射光の約2万分の1に減ずるが，例えば雲の光

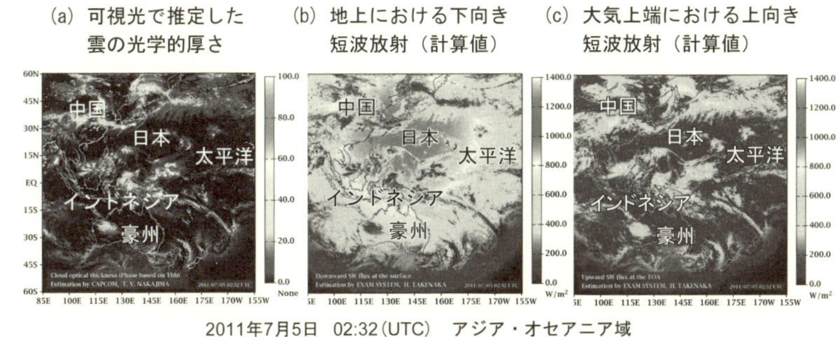

図 2.27　気象衛星データから得られた雲特性と短波放射（2011 年 7 月 5 日，アジア・オセアニア域；Takenaka et al., 2011）［口絵 8 参照］

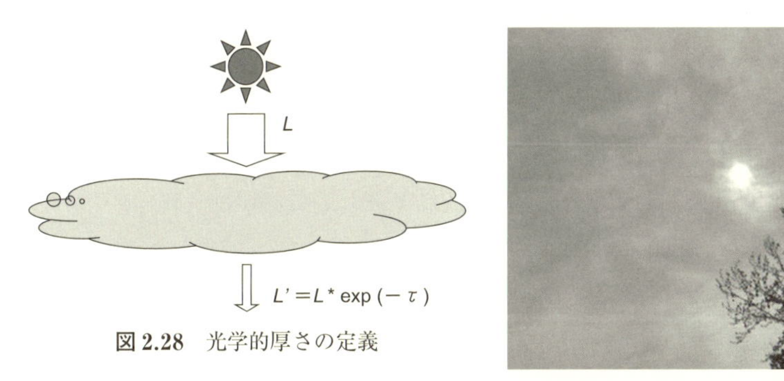

図 2.28　光学的厚さの定義

図 2.29　光学的厚さ 10 前後の雲

学的厚さが 10 以上ある日中に空を見上げたとき，空全体が真っ暗に見えるわけではない．2 万分の 1 に減じたのは，あくまで直達光のみであり，元々の方向性の情報を失った光，つまり雲粒子に 1 回以上当たる散乱光が雲からにじみ出て周囲を照らすため，光学的な厚さが厚くても空はそれなりに明るいのである．ただし，散乱光はもはや方向性を失った光であるから，地上から見ても太陽の位置がわからなくなっている．なお，放射収支を計算するときに，光学的厚さ τ の波長依存性を知る必要があるが，これは雲粒子の大きさと形状を決めれば放射理論で決定できる．粒子の形状としては，暖かい水雲の形状は球形，冷たい氷雲は六角柱などの非球形の粒子が仮定される．

放射の理論計算に必要な雲の特性，すなわち光学的厚さや雲粒子の大きさは衛星イメージングセンサーから推定することができる．1.4 節で解説したように，得られた雲の光学的厚さや地上反射率などのデータを放射伝達理論に入力することで，下向き直達短波放射，および散乱短波放射，上向き短波放射など多くの放射を計算で得ることが可能となるのである．このようにして計算された結果の一例が図 2.27(b)(c) である．これらは，2011 年 7 月 5 日の地上における下向き短波放射の総放射量（直達＋散乱）と大気上端における上向き短波放射の計算結果である（Takenaka et al., 2011）．

コラム 5 ◆ 紫外線が強いのは快晴時？

天気が良い日中は紫外線が多い．快晴，晴天，曇天のうち地上に達する紫外線が最も強いのはどれであろうか．おおよそ快晴時に紫外線は強くなるが，晴天の空に雲が存在するような場合に強い紫外線を観測することがある．これは太陽からの直達紫外線に加えて，雲の側面などで反射して地表に達する紫外線の散乱成分が加わるからである．図 2.30 は沖縄県竹富町西表島で観測された紫外線（UV-B）の放射照度（W/m^2）の時間変化である（東海大学竹下研究室提供）．図が示すように，曇天時の UV-B 照度はおおむね 0.3〜0.4 W/m^2 程度であるが，快晴あるいは晴天になると 1.7〜2.0 W/m^2 と強い紫外線が降り注ぐ．さらに，晴天時のグラフを追っていくと 12：20 前後に快晴時よりも強い UV-B が観測され

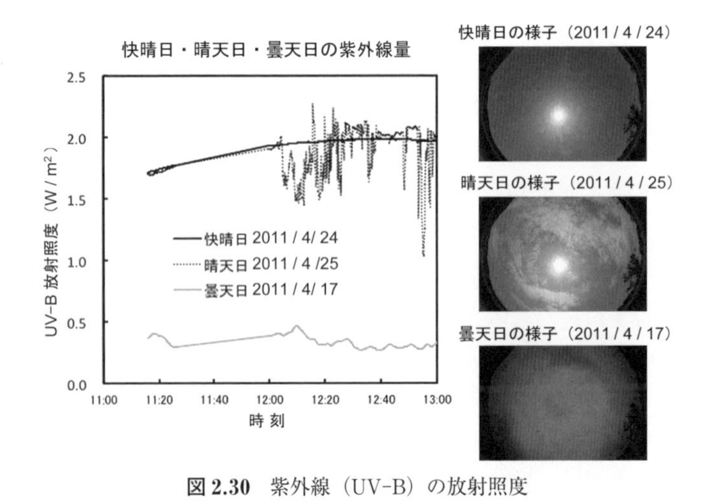

図 2.30 紫外線（UV-B）の放射照度

ているころがわかる．晴天日の様子を地上から撮影した全天画像で確認してみると，いくつかの雲が存在している．つまり，天気の良い日はたとえ雲が出ていたとしても日傘を使用するのがよい．

◇◇◆ 2.6　環境汚染，地球温暖化 ◆◇◇

2.6.1　概　要

地球観測衛星による大気観測には4つの大きな役割がある．まずは天気予報に役立つ雲や水蒸気の変動をみること，次に長期的な大気環境モニタリング，さらに地球システムを構成する多くの物理プロセスの解明，例えば雲の発生や成長，降雨，水循環等の理解への貢献，加えて火山噴火に伴う噴煙の追跡や森林火災の発見などリスクマネジメントへの貢献である．このうち地球環境モニタリングは気候変動シグナルを検知するに十分な期間，たとえば10年から数十年という長期の全球データセットを必要とする．1960年代に「タイロス」衛星の名称で始まり現在も「ノア」として継続中のシリーズ衛星は，このような用途に資する代表的な衛星である．日本では「みどり1号」と「みどり2号」という2機の試験衛星を経て，次の「GCOM（ジーコム）」シリーズが10年間超の環境観測を開始する予定である．そのほかにも，「ひまわり」(日本)，「GOES」(アメリカ)，「Meteosat」(欧州) などの静止気象衛星シリーズによる大気モニタリングも可能である．物理プロセス解明への貢献としては例えば2006年に打ち上げられた「カリプソ」と「クラウドサット」がある．両衛星は，同じ軌道にあるアクア衛星などとともにエアロゾルや雲の水平分布や鉛直構造を計測することで雲成長プロセスの解明に貢献している．日欧が共同で推進している「アースケア」は，世界初のドップラー機能をもつ衛星雲レーダー，高波長分解能ライダー，可視赤外イメージングセンサー，広帯域放射計を1つの衛星に同時搭載した衛星で，これによりエアロゾル，雲，放射収支の3点セットを一度に観測する計画である．

2.6.2　エアロゾル間接効果

地球環境モニタリングと物理プロセス解明の両方の観点から注目されている大気現象がある．これは「エアロゾル間接効果」と呼ばれる現象で，具体的にはエアロゾルが雲凝結核として振る舞うことで雲粒の平均サイズを小さくし，結果として可視光における雲の反射率を高める効果（第1種効果），さらに雲粒成長が抑制されることにより結果として雲の寿命が延びる効果（第2種効果）がある．前者をトゥーミー（Twomey）効果，後者をアルブレヒト（Albrecht）効果と呼ぶ．いずれの間接効果も地球に入射する太陽光を抑制して地球を冷却する向きにはたらくため，特に人為起源のエアロゾルによる間接効果は，温室効果ガスの増加による温暖化をある程度相殺しているという見方ができる．このように，人為起源によって発生する間接効果の定量化や，間接効果が発生するメカニズムの研究が重要になっており，そこでも衛星観測が活躍している．さらに，近年では火山噴火のモニタリングなどのリスクマネジメントも重要になってきた．以下においては，具体的な事例を示しながら衛星観測による大気汚染観測，そして衛星観測と温暖化研究との関わりについて述べてみよう．

2.6.3 大気環境の観測

(1) 黄砂観測

黄砂はアジアの乾燥地帯において強風によって舞い上がった土壌粒子が，広く遠方まで広がる現象をいう．日本では春先に見られることが多いが，まれに秋に襲来することもある．図 2.31 (a) は「いぶき」衛星搭載 TANSO-CAI が 2010 年 11 月に観測した秋の黄砂現象である．TANSO-CAI は近紫外から近赤外にかけての 4 チャンネルを有するコンパクト仕様のイメージングセンサーであるが，現存する他のイメージングセンサーにはない 0.38 μm という特徴的なチャンネルをもっており，エアロゾルの観測に威力を発揮する．図からは，大

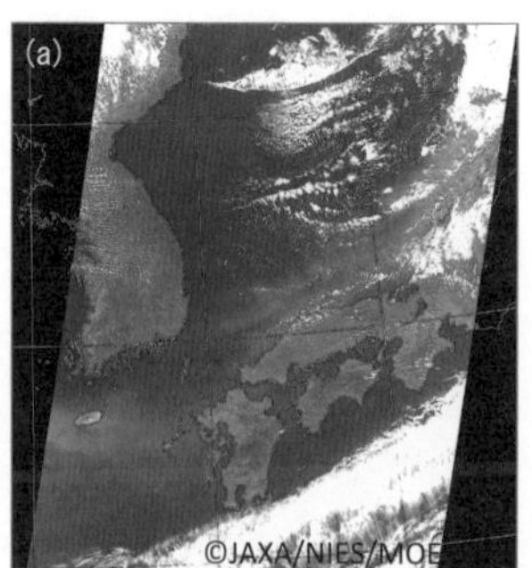

撮影：竹村俊彦

2010年11月12日

図 2.31 「いぶき」が捉えた黄砂

陸からやってきた黄砂が西日本一帯に広がっている様子がわかる．図2.31(b)は九州大学応用力学研究所（福岡県春日市）の屋上から撮影された当時の様子で，黄砂によって視程（水平方向の大気の見通し）が悪化している様子がわかる．同研究所に設置されたOPC（光学粒子計数計）での計測によると，5 μm（1000分の5 mm）以上の直径をもつ黄砂粒子が大気1リットル中に100個以上も含まれていた．当地における平常値は（0〜5個/リットル）程度であることから，相当の高濃度の黄砂であることがわかる．国立環境研究所が長崎，東京，宮城にそれぞれ設置したライダーからは高度0〜3 kmに濃い黄砂の層が順次襲来していることが記録されていた．季節にかかわらず，黄砂の発生には風の状況とともに砂漠域における積雪と土壌水分が関係しており，積雪がなく，かつ乾燥している場合に発生しやすい．この事例でも当時の大陸砂漠域には積雪がなかったことが別の画像で確認されている．

(2) 火山噴火観測

火山噴火に伴う噴煙は，大気環境を悪化させる大きな要因となる．1991年6月にフィリピンで発生したピナツボ火山噴火では，30メガトン（Mt）にもおよぶ大量の二酸化硫黄と10 km^{3}以上という大量の火山噴出物が大気圏に注入された結果，地表に達する日射を遮った．その影響により，最大0.5℃もの気温低下が全球規模で発生したとみられている（Parker et al., 1996）．表2.4のリストに示すように，最近200年間において，100 km^{3}以上の火山性物質を噴出した1815年4月のインドネシアにおけるタンボラ火山の噴火をはじめとして大規模噴火はしばしば発生しており，大小含めれば常に地球上のどこかで噴火が発生しているとみるのが自然である．広い範囲を一度に観測できる気象衛星は，火山噴火の観測でも活躍している．とくに近年は民間航空の運行が火山噴煙によって脅かされるケースが発生するなど，リスクマネジメントの側面からも衛星データの重要性が増している．

(3) アイスランドにおける火山噴火

2010年4月14日にアイスランドのエイヤフィヤトラヨークトル氷河において大規模な火山噴火が始まった．この影響により欧州全域における航空機の発着や運行の停止が発生し，社会的に大きな混乱が生じた．図2.32は2010年4月15日そして翌4月16日に捉えたTANSO-CAI画像である．15日の画像ではアイスランド南部の火山から発生した噴煙が，イギリスの北側を通過しスカンジナビア半島にかけて流れ出ている様子がわかる．翌16日の噴煙はコース

表 2.4　最近 200 年間における主たる火山噴火リスト

火　山	地　域	時　期	VEI*1	AOD*2	備　考
ラキ (Laki)	アイスランド	1783 年 6 月	6[4]	0.30[2]	120 Mt の SO_2. 火山性エアロゾルが成層圏まで広がり，冷害によりヨーロッパなどで飢饉. 日本では天明の大飢饉が発生（同年，岩木山（1783/4），浅間山（1783/8）も噴火）.
タンボラ (Tambora)	インドネシア	1815 年 4 月	7[3]	0.33 ～ 0.60[2]	100 km^3 以上の噴出物. 火山性エアロゾルが成層圏まで広がり，ヨーロッパ北部・アメリカ北東部・カナダで冷害. 1816 年は「夏のない年」と呼ばれた. ここ 2 世紀で最大の噴火.
アスキャ (Askja)	アイスランド	1875 年 3 月	5[1]		
クラカタウ (Krakatau)	インドネシア	1883 年 8 月	6[1]	0.37 ～ 0.57[2]	20 km^3 近くの噴出物. 火山性エアロゾルが成層圏まで広がり，北半球全体の平均気温が 0.5～0.8℃低下. 世界各地で夕焼けの鮮明化を観測. 歴史上 5 位の規模.
シツベリヤ (Shtyubelya)	ロシア（カムチャッカ）	1907 年 3 月	5[1]		
カトマイ (Katmai)	アメリカ（アラスカ）	1912 年 6 月	6[1]	0.04[1]	
アグン (Agung)	インドネシア	1963 年 3 月	4[1]		
エル チチョン (El Chichon)	メキシコ	1982 年 4 月	5[1]	0.05[1]	10～20 Mt の SO_2.
セントヘレンズ (St. Helens)	アメリカ	1980 年 5 月	5[1]		
ピナツボ (Pinatubo)	フィリピン	1991 年 6 月	5[1]	0.1[1]	30 Mt の SO_2，10 km^3 以上の噴出物. 火山性エアロゾルが成層圏まで広がり，日本でも日射量が減少した.
エイヤフィヤトラヨークトル (Eyjafjalla-jokull)	アイスランド	2010 年 4 月	3[5]		ヨーロッパ全域において航空機運航が大きな影響を受けた.

*1：火山爆発指数（volcanic explosivity index）. 7，6，5，4 はそれぞれ噴出物量 100 km^3 以上，10 ～100 km^3，1 ～ 10 km^3，0.1 ～ 1 km^3，0.01 ～ 0.1 km^3 に対応する.

*2：エアロゾル光学的厚さ.

文献：[1] Sato et al., 1993, [2] Zerefos et al., 2007, [3] Stothers, 1984, [4] Thordarson and Self, 2003, [5] Gudmundsson et al., 2012.

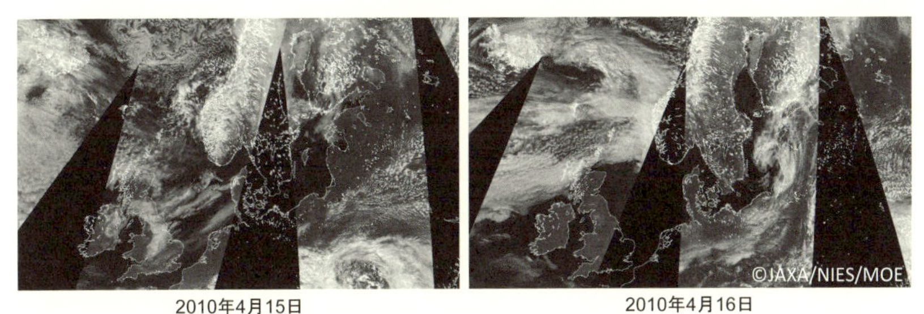

図 2.32　「いぶき」が観測したアイスランド噴火［口絵 9 参照］

を変え，欧州北部のドイツ，ポーランド，リトアニアなどの上空に広がっている．TANSO-CAI センサーは観測幅が 1000 km と広いため，とくに高緯度であれば 2 日に 1 回の頻度で観測することができる．火山噴火の観測でも TANSO-CAI がもつ 0.38 μm チャンネルが威力を発揮した．特に今回の噴火では雲と噴煙が大気中で混ざり合っていたが，0.38 μm の太陽放射が火山灰によって強く吸収される性質を用いることで，雲と火山灰の識別が容易であった．この 2010 年のアイスランド噴火の混乱をうけ，2010 年 6 月にベルギーの首都ブリュッセルで開催された欧州議会科学技術選択評価委員会（STOA）では，火山噴火の影響軽減に対する科学技術の関与についての議論が行われた．この会議には，火山学者，気象学者，航空機エンジンの製造会社のエンジニアに加えて，衛星観測の専門家も招聘された．それほどに衛星観測への期待は大きい．

アイスランドの噴火で欧州の航空機運航が大きく影響を受けた背景には，過去に起こったある航空機事故の教訓がある．1982 年 6 月 24 日にインドネシアのガルングン火山（Galunggung）が噴火した．その当時，乗員乗客 263 名を乗せた英国航空 009 便（BA-009）ボーイング 747 型機は経由地のマレーシアのクアラルンプールからオーストラリアのパースに向かう空路において噴煙の中に突入してしまった．大量の噴煙を吸い込んだ 4 発のエンジンは次々に停止し，推力をすべて失った旅客機はあわや墜落という緊急事態となった．幸運なことに，しばらくすると 3 発のエンジンが復活したため，航空機はジャカルタ空港に緊急着陸することができた．乗員乗客は全員無事であった．事故発生後にエンジンメーカーがエンジン内部を詳細に調べた結果，再起動できたエンジンとそうでなかったエンジンの様相が大きく異なっていた．再起動に失敗したエンジンでは，燃焼室から高圧タービン部分にかけてエンジンの熱で溶けたガラス質の火山性噴出物が大量に付着していたのである．この事故を教訓に，航空運行会社は火山噴火に細心の注意を払うようになった．さらに，エンジンメーカーは火山灰吸い込み試験を幾度ともなく実施し，安全飛行の確保に努めている．しかし，いまだに不確定な要素があると考えられるため，現在でも研究と試験は続けられている．

火山噴火は航空機の運航に大きな影響を及ぼすばかりではなく，特に高緯度で発生する火山噴火においては，地面に落下した噴煙粒子で雪氷面が汚れ，太陽放射の吸収が増加することで，雪氷面の融解を加速させる可能性がある．また，成層圏に注入された噴煙による光吸収や，二酸化硫黄ガスから生成される成層圏エアロゾルによる長期にわたる地球系の冷却などの効果も引き起こす可能性があるため，気候学的にも詳細かつ継続的なモニタリングが必要になる．火山噴火のような自然災害に対する衛星観測の重要性は増すばかりである．

(4) 霧島山の噴火

日本でもしばしば火山噴火が発生し市民生活に大きな影響を与えている．東海大学は1986年11月21日に衛星データの受信局，宇宙情報センター(TSIC)を熊本に開設し，衛星データの受信を開始した．まさにその当日（1986年11月21日）に伊豆大島三原山の噴火が発生した．噴火当時，数機の民間航空機が羽田空港にアプローチするべく大島周辺を飛行していたが，同センターで取得処理された衛星の観測データが早速活用され，事なきを得た．これが衛星画像のデータによる初めての警報となった．近年では，2011年1月27日に爆発的噴火を起こした九州の霧島山新燃岳（しんもえだけ）が記憶に新しい．TANSO-CAIは，この噴火の様子を宇宙から捉えることに成功した．図2.33上段に示すTANSO-CAIの3色合成画像（2011年1月26日13時26分データ取得）からは，噴煙が霧島山から南東に向けて広がっている様子がわかる．3日後の図2.34下段の画像(2011年1月29日13時26分撮影）では南東に向けて広がる噴煙，および霧島山から宮崎市にいたる扇状の地域が降り積もった火山灰に覆われて灰色に変色している様子がわかる．霧島山はしばしば小噴火を起こしている．同年の噴火においても爆発的噴火の1週間前から小規模な噴火が始まっており，同26日の夕方には福岡管区気象台・鹿児島地方気象台から火山周辺警報（噴火警戒レベル3＝入山規制）が発表されていた．可視赤外イメージングセンサーは雲の影響を受けるため現地の天候に大きく左右されるものの，ひとたび観測画像が得られれば噴煙の広がりを面的に捉えることができる重要な観測手段である．

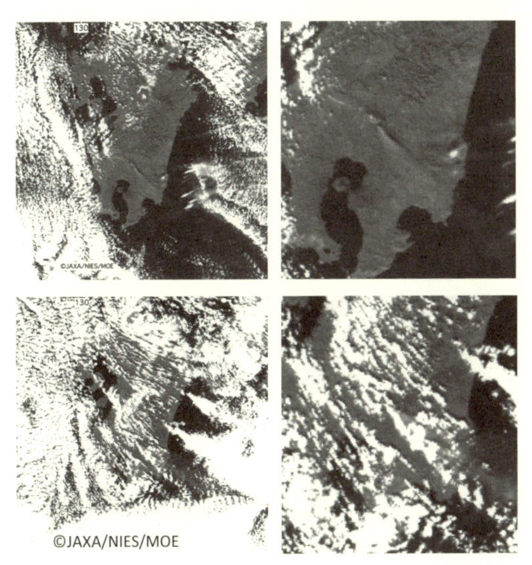

上段：2011年1月26日，下段：同年1月29日．観測波長はRGB：band2，band3，band1．

図2.33　「いぶき」が捉えた霧島山の噴煙の様子（画像作成：国立環境研究所）［口絵10参照］

(5)　森林火災

森林火災はかなり頻繁に世界中で発生している自然災害である．大規模な森林火災はバイオマスを消失させるとともに，大量にばらまかれたエアロゾルが大気を汚染するなど，地球環境に対して多大な影響を及ぼしている．加えて，バイオマスの燃焼に伴う二酸化炭素の大気中への放出や，エアロゾルによる気候システムへの各種影響も懸念される．「みどり2号」搭載GLIが2003年5月8日に捉えたバイカル湖近辺の様子を図2.34に示す．図中に赤く示されている多くの点は火元である．火元はしばしばホットスポットと呼ばれる．灰色に見える領域が森林火災から流れ出たエアロゾルである．この図では，各ホットスポットで発生したエアロゾルが南東にむけて流れ出している様子が明瞭に捉えられている．図2.35はGLIデータに対して近紫外アルゴリズムを適用して大気中のエアロゾルの濃さを抽出したものである（2003年5月19日）．図によると，大量のエアロゾルがシベリアやカムチャッカ半島の北西上空を通り抜け，数千km離れたアラスカまで到達している様子がわかる．森林火災はバイオマスの消失や大規模な大気汚染をもたらし，地球環境，公衆衛生に大きな影響を与える．加えて放射への影響も大きい．例えば厚いエアロゾルが地表に到達する太陽光を遮って地表付近を冷やす一方で，吸収性エアロゾルは太陽光を吸収

図 2.34　「みどり 2 号」が捉えたバイカル湖火災［口絵 11 参照］

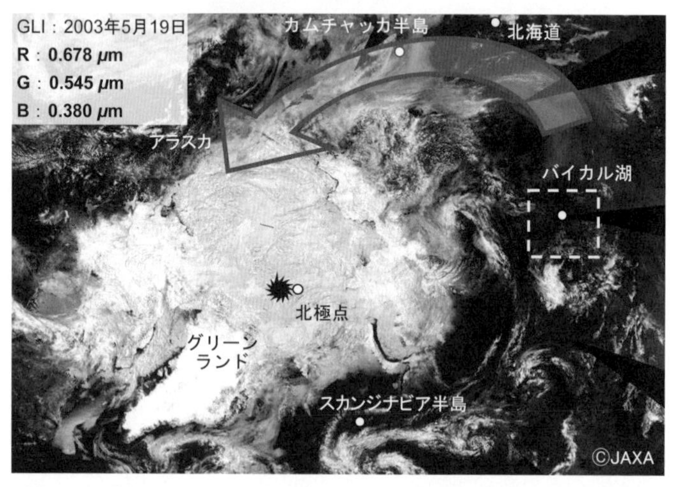

図 2.35　「みどり 2 号」が捉えたバイカル湖火災の煙［口絵 12 参照］

し大気を温める．さらに，雲，エアロゾル，放射の複雑な相互作用を通じた気候システムへの影響も重要となる．

2.6.4　温暖化予測における雲の不確定性

地球温暖化は温室効果ガスの増加が主たる原因であると考えられている．世界の多くの研究機関において大気大循環モデル（AGCM）を用いた将来予測を，統一的ないくつかの排出シナリオに沿って行っているが，その結果である予測値にはばらつきが大きい．その原因の 1 つにモデルにおける雲とエアロゾルのモデリング手法やパラメタリゼーションの相違がある．すなわち我々は気

表 2.5　大気大循環モデル実験における衛星データの利用

実験名	方法と目的	衛星データの利用例
平衡実験	ある境界条件のもとで数値積分を長時間続け定常状態を作り出す．境界条件を適宜変えることで気候変数の感度を調べる．	衛星から推定された物理量の年／月平均とモデルの結果を比較する． 衛星観測の結果を初期条件とする．
予報実験	境界条件，あるいは初期条件を変化させて各種変数の変化を追う．	
プロセス実験	モデルに組み込まれている各種メカニズムの連鎖を追いかけ，分析することで気候プロセスを理解する．	モデルの計算途中の結果や定常状態の結果を，高時間・高空間解像度観測画像，衛星から推定された物理量と比較する．

候システムにおける雲とエアロゾルの振る舞いについてよく理解していないのだ．衛星データは次の２つの点で重要である．１つはモデルが再現する雲場の参照データ，すなわち検証データとしての役割，２つめは雲の成長プロセスをモデリングするときのよりどころとなる実観測データの提供である．大気大循環モデルを用いた実験の種類と対応する衛星データの利用方法について表 2.5 にまとめる．定常状態を作りだす平衡実験や，境界条件や初期条件に対する感度を調べる予報実験では，衛星から推定された物理量の年平均や月平均値が比較対象として用いられる．モデルに組み込まれている各種メカニズムを追いかけるプロセス実験では，高時間分解能，高空間解像度の衛星画像や推定物理量が比較対象として用いられる．大気大循環モデルによる実験の予報変数としては，風速，気温，気圧，水蒸気量，雲水量，陸面温度，海面水温，海氷，土壌水分，積雪などがあり，これらは衛星からも推定でき，参照データとして活用される．最近の雲解像モデルでは雲水量と雲粒数を変数とするような実験が可能になり，衛星データとの比較対象も増え，モデルに組み込まれているより精緻なプロセスの検証に衛星データが使用できるようになってきた．

(1)　衛星データに現れたトゥーミー効果

2.6.2 節でも述べたトゥーミー効果（Twomey, 1974）と呼ばれる興味深い現象がある．図 2.4（p.23，口絵 1）は「みどり２号」衛星搭載 GLI が 2003 年 4 月に観測した（a）エアロゾルの光学的厚さ，（b）エアロゾルのオングストローム指数，（c）雲の雲粒半径，（d）雲の光学的厚さ，の月平均値である．このうちオングストローム指数はエアロゾル粒子の大きさに関する指標で，値が大きいほど小さいエアロゾルが，小さいほど大きなエアロゾルが含まれていることを示している．まず全球における雲粒の半径（図2.4(c)）を俯瞰してみると，大陸および大陸沿岸において雲粒半径が小さく，大洋の中心付近では大きくなっていることがわかる．これは大陸起源のエアロゾルが雲核となることで雲粒の数が増加し，その代償として雲粒のサイズが小さくなっていることが原因である．直感的な理解としては，大気中に含まれる水の量が一定の場合，雲粒の数が多ければ，雲粒子１つあたりに分配される水の量が減り，その結果，雲粒が小さくなることで説明できる．次に東アジア領域に注目してみる．小さい雲粒径の領域がアジア東岸付近はもちろんのこと，太平洋にむけて広く張り出している様子が見られるだろう．ここではいったい何が起きているのだろうか．そこで，同時期のエアロゾル光学的厚さの図2.4(a)を見てみると，東アジア付近で発生した大量のエアロゾルが西風に乗って太平洋上の東方に広がっている様子がわかる．一般に雲粒が小さくなると雲の可視光反射率が増大する．あらためて図2.4(c)と(d)を見てみると，雲粒径が小さな領域に相当する地域において雲の光学的厚さが増大している様子もわかる．トゥーミー効果の発現である．

(2) 観測とモデルの比較

次に，モデルによる雲場の再現の例をみてみよう．図2.36はスプリンターズ（SPRINTARS）モデル（Takemura et al., 2005）が再現計算した雲粒半径である．再現期間は先ほどのGLIによる観測結果と同じ2003年4月である．まずは全体的な傾向が一致し，次に定量的にもGLIの観測とよく整合していること

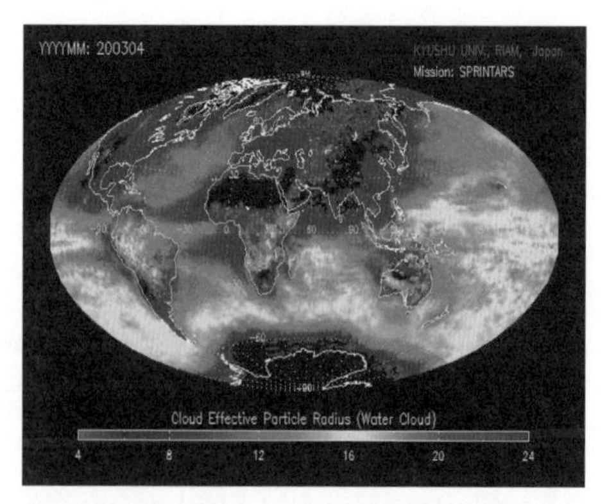

図2.36　SPRINTARSによる雲粒子半径の再現（データ提供：九州大学・竹村俊彦氏）［口絵13参照］

がわかる．このように，モデルは衛星観測結果を頼りに開発を進めており，現状でも相応の結果が得られるようになっているが，細かな点をみると多くの相違があることもわかる．モデルの結果と衛星観測の結果を，2.4 節で示した CFODD の方法を用いて比較してみると，雲水量だけを予報する単モーメント法が組み込まれたモデルでは雲粒成長が観測よりも早く，凝結成長から一気に降雨にいたってしまうことが示唆された．これはモデルにおける衝突併合の時定数の設定が小さすぎることが示唆される．雲水量と雲粒数の 2 つを予報する複モーメント法ではこの傾向は若干緩和される（Suzuki et al., 2011）．ここに示したモデルと観測の比較はあくまで一例であるが，モデル開発に衛星観測のデータが欠かせないことが理解できるだろう．

(3) ハワイ諸島キラウェア火山が雲特性と放射に与えた影響

火山噴火によって大量の火山性エアロゾルが大気中に注入されることがある．その影響で雲は変質するのだろうか．変質した証拠はあるのだろうか．一般にこのような影響を観測で見つけることは難しい．なぜならば大陸起源のエアロゾルの影響に隠れて噴火性エアロゾルの影響が不明瞭になってしまったり，あるいは噴火の期間が限定的であったりするために雲の変質がうまく統計に現れてこないからである．いずれにしても火山噴火は空間的に規模の大きな現象であるため，人工衛星による観測データの利用が有効である．

2008 年 3 月にハワイのキラウェア火山が噴火を開始した．この噴火は 3 つの点で注目に値する．1 つは 9 ヶ月間という長期にわたって噴煙を出し続けたことで十分な観測データが得られたこと，次に山頂の標高が 1250 m と低く，低層にある水雲に明瞭な影響が出やすいと考えられること，最後に，火山が大陸からも遠く離れた太平洋上にあるため，大陸性エアロゾル混在の影響を受けにくいことである．図 2.37 はキラウェア火山があるハワイ諸島を含む太平洋領域における雲粒子半径である．噴煙によるエアロゾルの増加は，西方へ 5000 km，南北 1000 km の範囲にいたる大規模なものであった．エアロゾルの増加領域に一致するように雲粒半径が激変しており，明らかに火山噴火によって雲特性が影響を受けている．詳細な解析を行った結果，大気中に注入された 1.8 Mt の噴出物が雲粒半径を約 23% 減少させ，水雲の雲量は平時の約 9% に対して 13.5% に増加，雲の反射率は平均して 1% 増加し，それに対応する短波放射の減少は $-5\,\mathrm{W/m^2}$ と見積もられた．（Eguchi et al., 2011）．キラウェア火山の事例は，トゥーミー効果が定量観測された好例である．このように，これまで推測でし

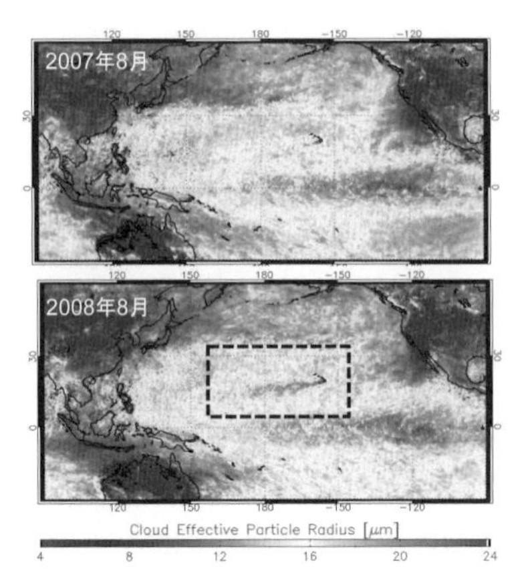

図 2.37　キラウェア火山の噴煙による雲粒子半径の減少［口絵 14 参照］

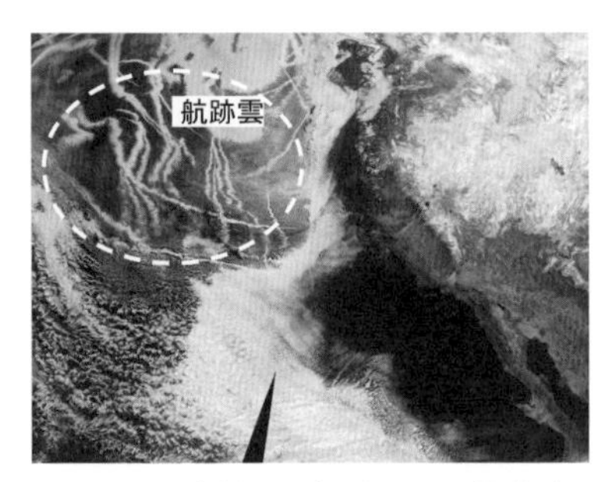

図 2.38　衛星から観測された航跡雲

かなかった火山噴火の噴煙による雲特性の変質を衛星観測で初めて捉えることができたのである（Yuan et al., 2011；Eguchi et al., 2011）.

(4) 航跡雲

航跡雲（ship trails）は大気汚染を起因とする雲特性の変質を示す象徴的な現象である．主として雲の下を航行する船舶から出されたエアロゾルにより，船の航路に沿ってまるで線を引いたように雲が形成され，あるいは既存の雲が変質し，多くは明るくなる現象である．図 2.38 は「テラ」衛星がとらえた航跡雲である．何隻もの船舶による多くの航跡雲が縦横にみられる．また，民間航空機からも航跡雲はしばしば識別できる（図 2.39）．航跡雲のメカニズムはトゥーミー効果で説明される．すなわち船舶が排出するエアロゾルが雲凝結核として振る舞うことで，本来の雲の特性を大きく変化させてしまっているのだ．航

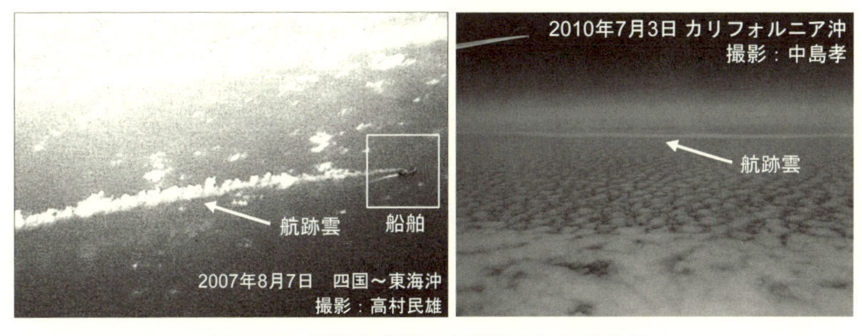

図 2.39　民間航空機から観測された航跡雲

跡雲はけっして珍しい現象ではなく，北太平洋や北大西洋の東部など強い逆転層をもつ海域ではよくみられる現象である．地球という巨大な生命圏における人間の営みは，ちっぽけなものであるが，その足跡を宇宙空間から観察することができる．航跡雲もそのような現象の1つで，人間活動が大気の状態を変質させている証拠である．

コラム 6 ◆ 衛星データのフォーマット

衛星データはJPEGやPNGフォーマットのような画像になっているわけではなく，必要な値がバイナリ形式で1つのファイルにまとめて書かれていることに注意が必要である．Level-1B 以降のデータは HDF 形式や netCDF 形式で書かれていることから，データを読み出したり可視化したりするためには，これらの形式を取り扱うことができるソフトウェアを利用するのが簡単である．ソフトウェアには無償のものと有償のものが何種類もある．最近ではクイックルック（Quick Look）と呼ばれる簡便な JPEG 画像があらかじめホームページなどに用意されていることが多い．テレビや新聞報道等でそのまま使えるような完成度の高いクイックルック画像が用意されている場合もあるので，まずは衛星画像を見てみたいというユーザは，JAXA などのセンサー開発機関や各衛星プロジェクトのウェブサイトを確認するのがよいだろう．

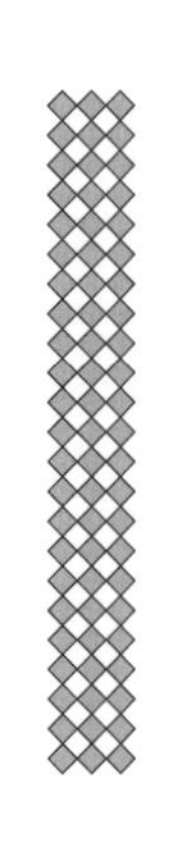

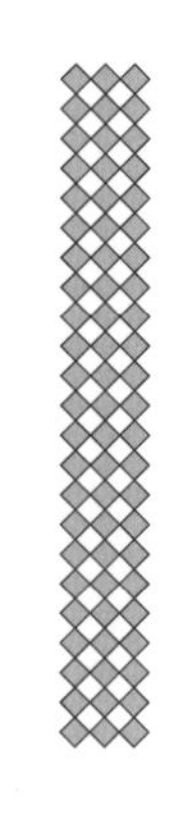

降水の衛星観測

3.1 概　　要

衛星による観測は全球を一様に観測できるという大きな特徴がある．降水は大気から地表面への一方的なフラックスといえる．降水は地球上で様々な形態をもっており，凝結による雲形成時に潜熱放出を行うことにより大気を加熱し，大気大循環の駆動源になるなど，気候システムに大きな影響をもっているばかりでなく，淡水供給源として人間活動，生態系にも大きな影響を与えている．降水の測定は，陸上では原理的にはバケツに雨を溜めるタイプの雨量計が広く使用されている．しかしながら，降水の時間空間変動は非常に激しい．これは夕立などでも日ごろ経験することである．このことは世界の降水の気候的分布を測定する場合の大きな障害となる．また海上や僻地，熱帯雨林地帯，山岳域などでは雨量計網がまったく不十分であり，正確な広域の降雨量を得ることは簡単ではない．日本では全国の降水量は気象庁の運用するアメダス（AMeDAS：Automated Meteorological Data Acquisition System）雨量計網や気象レーダーによる降水分布データを組み合わせたレーダー AMeDAS 合成雨量図が定常的に作られている．しかしこのような状況は先進国が中心であり，開発途上国では不十分である．また海上の降水データはまったく不足している．

近年，衛星による全球レベルの降雨分布データが得られるようになってきた．衛星は当然ながら全球を観測できる一方，リモートセンシング観測であり，可視・赤外帯，マイクロ波帯の放射輝度温度，また電波や光の散乱強度を用いる．このとき降水強度など必要物理量が直接に得られることは稀であり，通常は測定量から必要物理量を推定することが行われる．ここでは誤差が避けられない．地上観測でも同様の事情があるが，衛星観測では直接観測ではないことに加えて，移動しながら一瞬のデータから推定を行わなければならないので，必要物理量の推定方法の比重が非常に大きいという特徴がある．また衛星による推定物理量の地上観測データによる検定が重要となる．このように衛星からの降水量はあくまで推定値にとどまるが，地上データによる検証などによりその信頼性は向上している．特にわが国とアメリカとの共同で1997年に打ち上げられ，2015年に燃料が尽きて運用が終了した熱帯降雨観測衛星「TRMM」（Tropical-Rainfall Measuring Mission）上ではわが国が世界に先駆けて開発した衛星搭載用降雨レーダーが運用されたが，このデータによる精度向上が著しい．

衛星からの降水観測では数GHzから100 GHz帯（電波波長で10 cm程度から数mm）のマイクロ波のセンサーが有効である．可視・赤外放射計は雲や大気成分に感度があるが，降水への感度はほとんどない．静止気象衛星の可視・赤外放射計による雲画像はよく知られているが，これは雲の分布を示しており降水ではない．ライダーは光帯のレーダーであるが，降雨域内では減衰が大きく透過できない．マイクロ波は大気に関してはかなり透過する．降雨域内でも40 GHz以下ならばかなり透過する．このようなマイクロ波のセンサーには，目標物から熱放射される電波を検出する放射計と，自ら電波を発射してその散乱波を受けるレーダーがある．両者とも現在衛星に搭載され降水を観測しているが，衛星搭載の降水観測用のレーダーは，世界でもTRMM上のレーダーと2014年2月に打ち上げられた全球降水観測計画（Global Precipitation Measurement：GPM）の主衛星に搭載されているわが国が開発したレーダーのみであり，わが国が世界をリードしている衛星センサーの1つとなっている．

本章では衛星からの降水観測で大きなブレークスルーをもたらした「TRMM」，特に「TRMM」搭載のレーダーとそれによる観測結果について述べる．まず衛星また衛星搭載のセンサーについて述べ，次に観測結果を概観する．その後，衛星搭載の降雨レーダーについて技術的な話をする．

◇◇◆ 3.2　降水観測衛星と軌道 ◆◇◇

3.2.1　概　要

衛星からのマイクロ波電波による降水観測では，マイクロ波測器に十分な空間分解能をもたせなければならない．また，降水現象に顕著な日周変化があることから日周変化を観測できるような軌道をもつ必要がある．このために1つの衛星のみを使う場合には軌道は低軌道で，かつ太陽非同期である必要がでてくる．降雨観測測器としては降雨に感度のあるマイクロ波電波を用いる放射計とレーダーがある．衛星搭載測器には軌道上での修理が不可能であるため，十分な信頼性が必要となる．また設計段階では衛星の寿命も大きな要素となる．

3.2.2　軌　道

衛星は大きく静止軌道衛星と低軌道衛星とに分けられる．静止軌道衛星は赤道上地上高約 36000 km にあり，地球を1日に1周する．衛星の方向が地球の回転方向と一致すれば，地上から見て衛星はいつもほぼ同じところにあることになる．日本の静止気象衛星「ひまわり」(GMS，MTSAT）は東経 140° にある．静止軌道上から見ると地球全体が目に入る．しかし低軌道の衛星から見ると地球は視野いっぱいに広がって見える．この視野角 θ は図 3.1 から

$$\theta = 2\sin^{-1}\frac{R_e}{R_e + h}$$

である．ここで，R_e，h はそれぞれ地球半径と衛星高度である．なお地球半径は約 6400 km であるので地表に沿っての赤道と極との間の距離は約 10000 km と切りのよい数となるが，これは偶然ではなく，パリでメートル法が作られたときに極と赤道との距離を 10000 km にしたためである．

衛星のいろいろの高度として，高度 400 km，1000 km，2000 km，10000 km，36000 km（静止軌道の高度），400000 km（月の距離）をとると，地球の視野

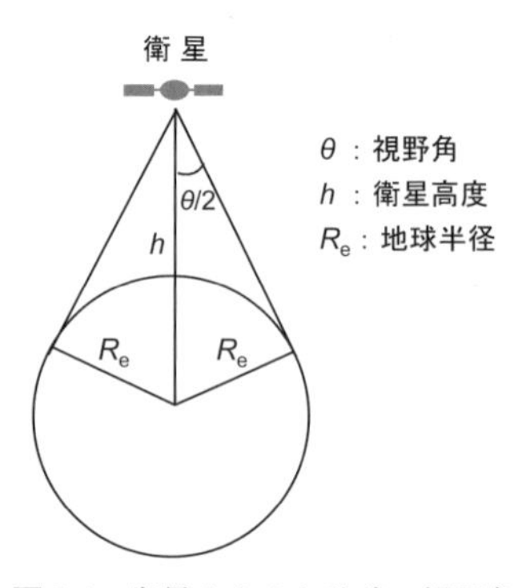

図 3.1　衛星からみた地球の視野角

角はそれぞれ，140°，120°，100°，46°，17°，1.8°，となる．低軌道衛星の高度は通常1000 km以下であるから，低軌道衛星から地球を見ると視野角120°以上で広く地球が広がって見えることになる．実際，国際宇宙ステーションの高度は410 km程度であり，そこから見た地球は下に広がっている．このように低軌道からは丸い地球を全部走査することはできず，衛星直下を中心としてその左右に幅をもった範囲内のみを観測することになる．走査幅は1000～1500 km程度である衛星センサーが多く，センサーは鉛直下方から±40°程度の範囲を観測する．一方，静止軌道上からの地球の視野角は17°である．

静止軌道上に宇宙ステーションがあり，そこに滞在しているとして，そこから地球を見ることを想像してみるとよい．月また太陽の視野角は0.5°であるので，静止衛星から地球を眺めるといかに大きく見えるかが想像できるであろう．静止気象衛星「ひまわり」に搭載されている雲画像センサー(可視・赤外放射計）は，この丸く大きく見える地球を東西に走査しながら北から南へ観測するわけである．

静止軌道衛星からの観測は可視・赤外放射計による．一方，低軌道衛星は低い軌道とはいえ，大気抵抗を避けるため地上高数百 km以上の高度である．低軌道衛星搭載のセンサーとしては，可視・赤外放射計に加えてマイクロ波放射計やレーダーまたライダーなどがある．なぜ静止軌道衛星ではマイクロ波センサーは使用されていないのであろうか．これはセンサーの視野角 θ（ラジアン）と使用電波の波長 λ，センサーの口径 D との間に

$$\theta \approx \frac{\lambda}{D}$$

の関係があるためである．降水観測のためには降水システムの大きさから水平分解能を10 km程度以下とすると，静止軌道からは視野角としては1/3600ラジアン（約0.016°）以下とすることが必要である．その一方，衛星には搭載能力に大きな制限があり，現状では2 m程度までの口径のセンサーが最大となる．これから，使用できる波長は0.5 mm以下（600 GHz以上）となる．このように，マイクロ波のセンサーは静止軌道上では現状の技術では困難となっている．その一方，低軌道衛星には，可視・赤外放射計とともにマイクロ波センサーも使用されている．

低高度の衛星軌道はまた太陽同期軌道と太陽非同期軌道に分けることがある．太陽同期軌道とは，衛星軌道面の太陽に対する角度が一定になるような軌

道である．地球は太陽の周りを公転しているのでこのような軌道は一見不可能であるように思えるが，地球の形状がわずかに扁平であることから地球引力が軌道面を地球赤道面に近づけるようにはたらく．これにより図3.2のコマのように，回転しているコマの軸が歳差運動を起こすことと同じ原理で，軌道面が回転する．

この大きさ $d\Omega$（度／周回）は低高度の円軌道では，地球の偏平度などから，軌道傾斜角（軌道面が地球の赤道面となす角度）を θ として，

$$d\Omega = -0.58 \times \cos\theta$$

と表される（冨田，1993）．太陽は1日あたり約1°（360°／365日）動く．

また低軌道衛星の周期は約90分であることから，太陽同期軌道となるには軌道傾斜角は約96°となる．なお角度が90°よりも大きくなっているのは，軌道傾斜角は衛星が地球の赤道面を南西から北東によぎるときの赤道面からの角度と定義していることによっている．このように太陽同期の低軌道では軌道傾斜角が非常に大きくなり，結果として極点の近くを除いてほとんど全球を観測できる極軌道をとることになる．なお軌道傾斜角が90°になると軌道面は慣性系に対して変化しなくなってしまう．また軌道傾斜角を96°より大きくすると，軌道面の回転は地球の公転の回転速度より大きくなってしまう．

ほとんどの地球観測衛星は太陽同期軌道をとる．これは地球観測では太陽に対する角度が一定であることが望ましいことが多いためである．例えば可視光での観測では太陽の地球表面での反射光が邪魔になることがあるが，この反射の位置が限定される．同じ地方時で長期に観測することが必要な場合にも太陽同期軌道が使われる．また衛星から見た太陽の方向が一定角度内に収まると，

図3.2 コマと歳差運動

衛星の熱設計上有利になること，太陽電池パドルを固定できるメリットなどもある．実際，ほとんどの低軌道地球観測衛星は太陽同期軌道をとっている．その一方，降水のような日周変化の激しい現象を目標とする衛星は，わざわざ太陽非同期の軌道をとる．この場合，全球を観測しようとすると極軌道となり，太陽同期に近づいてしまう，という困難が生じる．

コラム 7 ◆ 衛星の軌道要素

衛星の運動は，位置ベクトルの2階の微分方程式で表されるので6つの量が与えられれば決まる．この量として通常，軌道6要素と呼ばれる量が使われる．

この6要素は，楕円軌道の形について離心率と長半径の2つ，軌道面の方向について，春分点からの経度による昇交点の位置（昇交点赤経），軌道傾斜角，近地点の軌道面と地球の赤道面との交線からの角度（近地点引き数）の3つ，そして軌道上の位置について衛星が近地点を通過する時刻である（図3.3）．

TRMM搭載の降雨レーダーの走査域の地球1周分の走査域の例を示そう（図3.4）．衛星は西から東に地球を走査する．走査域が赤道を南から北へ横切るときの赤道とのなす角度，また軌道の南北の端の緯度が軌道傾斜角となる．この場合は35°である．軌道1周は閉じていないが，これは1周の約90分の間に地球が西から東へ20°以上動いてしまうためである．

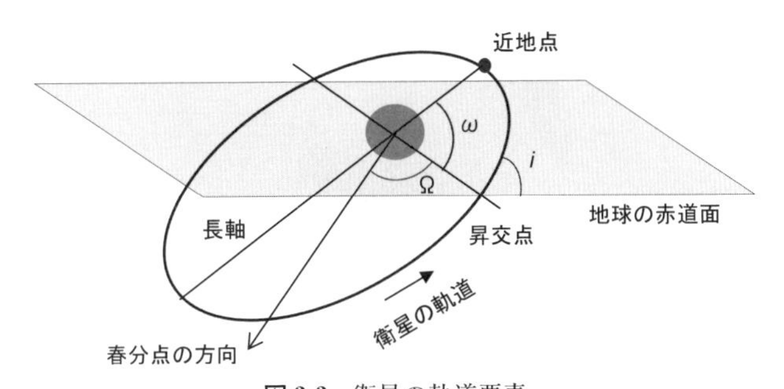

図 3.3　衛星の軌道要素

i：軌道傾斜角，Ω：昇交点赤経，ω：近地点引数．

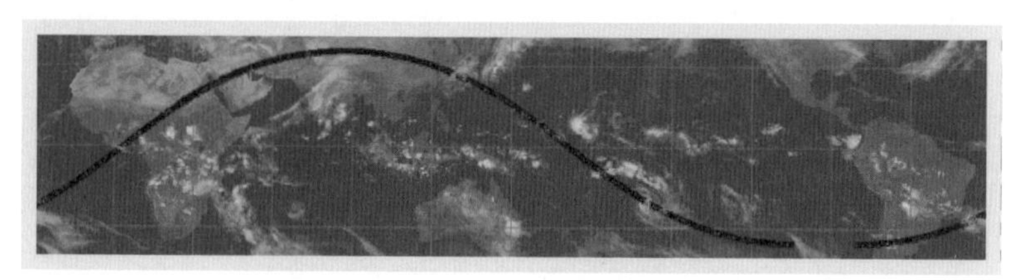

図 3.4　「TRMM」降雨レーダーの軌道 1 周の走査域例（JAXA ホームページより）
軌道傾斜角 35°，レーダー観測幅 215 km.

3.2.3　衛　星

衛星は観測機器以外にも軌道保持燃料系，姿勢制御系，通信系，電源系，温度調整システム，などの装置をいろいろと搭載している．これら全体を衛星バスと称する．衛星バスは衛星全体の中で大きな割合を占めており，観測機器の質量は全体の 20〜30% 程度しかない．図 3.5 には衛星の例として「TRMM」の外観を示す．太陽電池パドルは打上げ時はたたまれており打上げ後展開される．

太陽電池には効率の高い素子が使われているが，放射線などにより徐々に劣化する．衛星の質量は打上げに関わる大きな要素である．大型で多数のセンサーを搭載した衛星が使われたこともあったが，現在は数 t レベルの衛星が多い．これは打上げリスク，また軌道上での衛星バスの不具合のリスク，さらに巨大衛星バスの開発費用が莫大となるからである．

「TRMM」は名前（Tropical-Rainfall Measuring Mission）が示すとおり，降

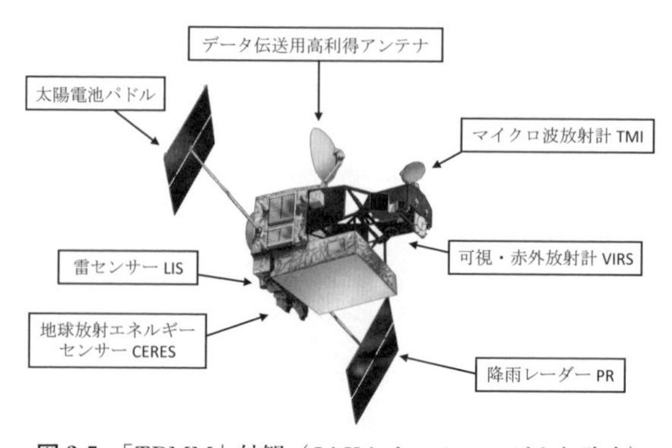

図 3.5　「TRMM」外観（JAXA ホームページより改変）

雨観測に特化した衛星であった．この衛星は2.5t，燃料を含めると3.5tクラスの衛星であった．熱帯域を主たる観測域としたので，軌道傾斜角は35°と低軌道の地球観測衛星としては例外的に小さい．また熱帯域では降水の強い日周変化があるので，それを観測するため太陽非同期となっている．搭載センサーは降雨レーダー(Precipitation Radar：PR)，マイクロ波放射計（TRMM Microwave Imager：TMI)，可視・赤外放射計（Visible/Infrared Radiometer：VIRS)，雷センサー(Lightning Imaging Sensor：LIS)，放射エネルギーセンサー(Cloud and the Earth's Radiant Energy System：CERES）である（Kummerow et al.,

表3.1　「TRMM」の主要諸元（JAXAホームページより）

打上げロケット	H-IIロケット
打上げ日	1997（平成9）年11月28日 午前6時27分（日本時間）
軌道高度	約350km，2001年8月24日からは402.5km
軌　道	太陽非同期の円軌道
軌道傾斜角	35°
大きさ	軌道上で，長さ5.1m，太陽パドル方向14.6m
質　量	3524kg（燃料890kg，乾燥質量2634kg）
発生電力	平均850W
姿勢制御方式	三軸制御
データ伝送	NASAの追跡・データ中継衛星経由
観測機器	降雨レーダー，TRMMマイクロ波放射計，可視・赤外放射計，雲および地球放射エネルギー観測装置，雷観測装置

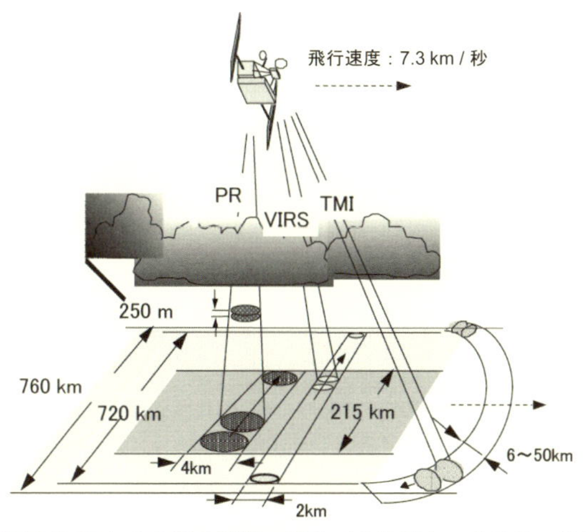

図3.6　「TRMM」による降水観測の概念（前島根大・古津氏の資料より）

1998). 降雨レーダーは要となるセンサーである. 衛星の主要諸元を表3.1に示す. また「TRMM」による観測の概念を図3.6に示す.

3.2.4 衛星の寿命

衛星の設計では寿命も重要なパラメータである. 衛星寿命は軌道保持, 姿勢保持のための燃料ガス, 太陽電池の劣化, また機材の劣化で決まる. センサーによっては冷却が必要なものがあり, 冷却剤の消費によりセンサー寿命の決まるものもある. ハッブル (Hubble) 宇宙望遠鏡がスペースシャトルにより修理されたような例外はあるが, 一般的に衛星はいったん打ち上げると修理ができないため, 機器の信頼性の基準は厳しい. 衛星を設計する際は故障確率を計算する. 衛星には多数の部品が使われるため, 各部品には非常に高い信頼性が要求される. このため複数の系統を設けて冗長系を作り, 一部が故障した場合には他方に切り替えるようにすることも行われる. またシングルポイントと呼ばれる重要でかつ冗長系のない部分は極力減らすようにしている. これらから設計寿命は3〜5年とされることが多い. 故障は初期と末期に多くなる傾向があり, 衛星が成功裏に打ち上がった後は多くはかなり長寿命となる. なお, 衛星に使われる機器や部品には故障が許されないため, 十二分に実績のある部品等を使い「保守的」な設計がなされると思っている人がいるかもしれないが, そうではない. 衛星には常に最先端の技術が使われている. ただし, 搭載にあたっては十分な検討と試験のもとで確実にはたらくことが確認された部品, 測器のみが使われる.

寿命の最長を決定するものは燃料である. 搭載する燃料は姿勢制御と軌道制御のために使われる. 実験衛星では軌道保持に太陽風を使うものもあるが, 観測衛星では実用化されていない. 軌道保持には軌道面制御や軌道高度制御がある. また最近は宇宙デブリの回避にも使われる. 姿勢制御にも燃料が必要である. 宇宙開発初期の衛星はスピン安定方式であったが, 現在の地球観測衛星のほとんどは, スターセンサーなどにより姿勢誤差を求め各軸方向を制御する3軸制御方式となっている. 衛星姿勢制御は, ガスを噴射するのではなく, モーメンタムホイール (momentum wheel) を回して反作用を使う. モーメンタムホイールは3軸あり, これにより3方向の制御を行う. これには電力は必要であるが燃料の消費はない. しかし, モーメンタムホイールを使ってもその回転速度が大きくなると, ある時点でガス噴射によりもとに戻す unloading と呼ばれる操作が必要となる．モーメンタムホイールによる制御は，姿勢を前後左右に細かく制御するときには燃料消費の削減に寄与するが，1 方向のみに制御する場合には削減は効かない．

衛星高度は低軌道衛星でも 300 km 以上であるが，それでも空気抵抗を受ける．空気抵抗は空気の密度による．大気密度は，高度 300 km で約 10^{-11} kg/m^3，400 km で 10^{-12} kg/m^3 程度となっている．ただし，高度 200 km 以上では大気密度は太陽活動により 2〜10 倍程度に大きく変化する．太陽活動が盛んな時は上層の大気温度が上がり大気は上層へ広がる．このため衛星の空気抵抗は大きくなる．大気密度は地上付近ではだいたい 5 km で半分になるが，300 km より上空では 100 km で 10 分の 1 になる．これは等温大気の静水圧則と状態方程式からわかる．大気の密度 ρ は，基準となる密度を ρ_0，高度 z として

$$\rho(z) = \rho_0 \exp(-z/H_0)$$

となる．ここで H_0 はスケールハイトと呼ばれ，大気密度（圧力）が $1/e$ になる高さであり，大気の絶対温度 T，大気の分子量を M，重力加速度を g，気体常数を R として

$$H_0 = \frac{RT}{Mg}$$

と表される．$R=8.314$ J/kmol，$g=10$ m/s^2，高度 100 km 程度までは $M=29$ g/mol であるので，$T=270$ K とすれば，H_0 は約 8 km となる．高層大気の気温は高度 100 km 以上から上昇し，高度 400 km で 1000 K に達する．高度 200 km 以上では温度は 1000 K，また平均分子量 M は 20 程度，となるので，スケールハイトは 50 km 程度となる．これは 100 km で 1/10 となることとほぼ対応している．

大気抵抗は，衛星にぶつかる大気原子を動かすために生じる．進行方向への衛星の断面積を S，衛星速度を V，大気密度を ρ，とする．また簡単のため，大気原子は静止状態から衛星にぶつかって平均として V の速度で衛星進行方向に飛ばされる，と仮定する．すると衛星の受ける力 F は，

$$F = \rho V^2 S$$

となる．ここで例としてそれぞれのパラメータを，$V=7$ km/s，$S=1$ m^2，$\rho=10^{-11}$ kg/m^3 とすれば，$\mathrm{F}=5\times10^{-4}$N となる．衛星の質量を 1 t とすれば，この抵抗により衛星速度は 1 日で約 0.05 m/s，1 年で約 20 m/s 落ちる．これを円形軌道の高度に直してみると数十 km となり，1 年で数十 km 落下することにな

る．実際「TRMM」は2014年に軌道保持の燃料が尽きて落下を始めたが，半年で390 km の高度から340 km にまで高度が下がった．

コラム8◆衛星の打上げ

ロケットはその大部分が燃料である．このため，打上げ時には最初は燃料があり重く加速度は小さいが，後半は燃料が少なくなって軽くなり，ロケットの加速度は大きくなる．ロケットの元の質量を M，時刻 t のときの速度を v，そのときまでに消費した燃料の質量を m とする．時刻 t から $t+dt$ までの間で量 dm のガスを相対的速さ w で後ろに噴出するとするとしよう．これは宇宙空間でバネをはさんでつながっている2つの部分が留め金が外れて離れていく様子を思い浮かべればよい．

外力がない場合，ガスを含めた運動量 $(M-m)v$ の変化はないから，

$$(M-m)v=(M-(m+dm))(v+dv)+(v-w)dm$$

であり，これから2次の微小量は無視すると

$$(M-m)dv=wdm$$

となる．これは，もう少し直感的には，ロケットの推進力は時間を t として wdm/dt で与えられるので

$$(M-m)\frac{dv}{dt}=w\frac{dm}{dt}$$

となることからも得られる．

上式から，ロケットの初速を0とすると

$$v=w\ln\frac{M}{M-m}$$

となる．この式で $M-m$ を燃料を使い果たした後の質量と考えれば，最終の速度 V は質量比 $L_{\mathrm{n}}=(M-m)/M$ を使って

$$V=-w\ln L_{\mathrm{n}}$$

となる．これはこの式を導いたロシアのロケット工学者にちなんでツォルコフスキーの法則と呼ばれる（冨田，1993）．排気速度 w は，H-II ロケットやスペースシャトルまたヨーロッパのアリアン5ロケットなどの液体酸素と液体水素を使うエンジンでは4 km/s 以上に達する．このエン

ジンの１段式ロケットで低軌道に衛星を投入しようとすると，最終速度を 7 km/s として質量比は約 0.17 となる．米国のタイタン III の１段目にはヒドラジンと四酸化二窒素が使われており，この排気速度は 3 km/s 程度である．この場合には質量比は 0.1 以下と大きく下がる．質量比が大きいことは燃料以外にまわせる質量が大きいことを意味するので，排気速度の大きい燃料は効率が良いといえる．

応用例として，赤道にあるロケット発射基地から液体酸素／液体水素の１段ロケットで衛星を東西方向に打ち上げることを考えよう．よく知られているように地球の回転を利用するために衛星は東に向かって打ち上げる．東向きに打ち上げる場合は西向きに打ち上げる場合に比べてどのくらい燃料を節約できるであろうか．なお，ここでは空気抵抗は考えないこととする．

赤道上での地球回転の速度は，赤道 40000 km を 24 時間で１周するから約 0.5 km/s である．最終的に必要な速度を V_0 (km/s)，東向き，西向きに打ち上げて燃料を使い果たしたときの質量を M_e，M_w とすれば

$$V_0 = 0.5 - 4.0 \ln \frac{M_e}{M} = -0.5 - 4.0 \ln \frac{M_w}{M}$$

となり，よって

$$\frac{M_e}{M_w} \approx 1.3$$

となる．これから東に向かって打ち上げる場合は西に向かって打ち上げる場合に比べて燃料を使い果たしたときの質量が 30% も大きくなることがわかる．

衛星の打上げは多くの人々が見物する．カウントダウンで０になると遠くの発射台が一気に明るく輝き，その後しばらくたってから腹に響くような音が聞こえてくる．ロケットは明るい炎と白煙を出しながら上昇するが，炎は固体ロケットから出ている．固体ロケットにはアルミニウムなどが含まれておりそれが燃焼するときに明るい光を放つ．日本の H-II ロケットやスペースシャトルの主エンジンは液体酸素と液体水素を燃料としており，この燃焼では透明な水蒸気が発生するだけである．実際，燃焼中の主エンジンを見ると，排気のところは透き通っており一部に衝撃波による三角形の明るいところがあるだけである．ロケットが

上昇した後には，多量の水蒸気が凝結した白い雲が残り，実際に目で見えるものとなる．

衛星となるために必要な速度は地球表面に平行な速度である．しかしロケットは垂直に打ち上げられる．これは空気抵抗の大きな領域を早く通過させるためである．

3.2.5 衛星搭載降雨レーダー

レーダーは電波をみずから発射し目標物からの散乱波を受信することにより目標物の状況を測定する装置である．みずから電波を出すため，地面・海面状態に左右されることがなく，また距離分解能があるために，降水システムの立体構造を観測できるという大きな利点がある．以下では「TRMM」に搭載された降雨レーダーについて述べる．

「TRMM」降雨レーダーの主要諸元を表3.2に示す．レーダーの仕様のパラメータには，使用する電波周波数，アンテナ口径，送信出力，受信機雑音レベルなどがあり，これらを衛星搭載という厳しい条件のもとで必要性能を満たすように決定する必要がある．アンテナは大きいほど感度が良くなりビームが絞られるため水平分解能は良くなる．しかし，アンテナの大きさはロケットの収納カバー(フェアリングと呼ばれる) の大きさで制限される．展開型ならば大きなアンテナが可能であるが，10 GHz 以上の周波数帯では技術的に困難がある．電波周波数は，高いほど降水粒子による散乱断面積は大きくなるので有利であるが，降雨減衰が無視できない大きさとなる．降水システムは複雑な立体構造をもつので3次元構造の観測が必要であり，そのためにはアンテナを走査しなければならない．衛星は常に移動しているため，1ヶ所を観測する時間は限られる．その一方で，降水からのレーダー散乱電力は常に変動するので，一定以上の時間同じ場所を観測する必要がある．これらの相反する条件を考慮して最適な仕様が決定される．「TRMM」降雨レーダーでは，使用周波数は13.8 GHzという降雨レーダーとしては若干高い周波数となっている．最終的な周波数は国際的な周波数割り当て基準で決まった．感度については降雨強度で0.5 mm/h程度が目標とされた．感度は高い方がもちろん望ましいが，衛星搭載ということの技術的制約から妥協点として決まっている．0.5 mm/hの降雨強度は霧雨よりは強いものの弱い雨である．最小感度が0.5 mm/hという値は地上の気象

表 3.2　TRMM 降雨レーダーの主要諸元（JAXA ホームページのデータより）

開　発	宇宙航空研究開発機構（旧宇宙開発事業団），情報通信研究機構（旧通信総合研究所）
観測目的	降雨の 3 次元構造，陸上／海上の降雨量
レーダー方式	アクティブフェーズドアレイ（128 素子），パルス方式
観測幅	約 215 km，2001 年の高度変更後は 245 km
観測範囲	地表から高度 15 km
距離分解能	250 m
水平分解能	衛星直下点で 4.3 km，高度変更後は 5 km
検出降雨強度	0.5 mm/h 以上
独立サンプル数	64 個
アンテナビーム幅	0.71°
アンテナ利得	47.4 dB
周波数	13.796/13.802 GHz（二周波アジリティ）
偏　波	水　平
送信ピーク電力	616 W
送信パルス幅	1.6 μm 秒
パルス繰返し周波数	2776 Hz
受信機帯域幅	0.6 MHz
質　量	465 kg
消費電力	213 W
データレート	93.5 kbps

レーダーとしては決して高い性能ではない．しかし技術的制約からこれ以上の感度は望めなかった．アンテナの走査面は衛星の進行方向に対して垂直な面内にあり，クロストラックスキャン（cross track scan）と呼ばれる．衛星からのレーダー観測では，ビームが鉛直になったときに降水の鉛直構造が最もよく観測されるのでこのような走査が選ばれている．

水平分解能は周波数とアンテナサイズから約 5 km となっている．衛星速度は約 7 km/s また水平分解能は約 5 km なので，衛星の進行方向に直角の面を 1 走査するのに与えられる時間は 0.5 秒程度となる．この速さで 2 m 規模のアンテナを進行方向に向いて左右に動かすことは機械式では無理であるので，電子走査方式をとっている．電子走査方式は，アンテナ面から放射される電波の位相を電気的に変えるフェーズドアレイ（phased array）方式であり，アンテナを動かす必要がない．

レーダーは自ら電波を放射し，弱い散乱波を受けるため，大きな送信電力が必要であり，送信機は要の部品である．衛星搭載の高出力の送信素子としては進行波管と呼ばれる真空管に実績があったが,「TRMM」降雨レーダーでは128個の固体素子を並べたアレイアンテナとして，各素子からの出力を空間合成することで必要送信電力を得ている．複数の固体素子の場合は，一部が不具合を起こしても全体システムの残存性が高い．さらに固体素子は高圧部分を含まないので信頼性が高く，またわが国が技術的に優位であった.

距離分解能は250 m である．降水システムとして250 m の鉛直分解能は適当であること，また水平分解能5 km とすると，鉛直方向から3° 程度振っただけでピクセルの両端の高度は250 m 程度の差をもつことから，距離分解能を250 m よりも良くしても意味がないことなどから決まった. 走査幅の215 km もいくつかの要因のトレードオフの結果である．1つの降水システム全体をカバーできること，また気候値を得るためには走査幅を大きくして観測頻度を高くすることが望まれる．その一方，走査幅を広げると，レーダーが1ヶ所を観測する時間が短くなり，レーダー信号の独立サンプル数の減少から実効感度が低下する．また走査角の大きいところでは観測体積が水平面から斜めに傾くため鉛直分解能が大幅に劣化してしまうという問題がある．さらに走査角を大きくすると，グレーティングローブ（grating lobe）と呼ばれるアンテナサイドローブがある角度で大きくなるというフェーズドアレイアンテナに特有の問題がある．これを避けるためにはアンテナ素子の間隔を狭める必要があるが，それは困難である．また素子数の増加が必要であり，これは消費電力，質量の増加につながる．これらから，レーダーの走査幅は215 km となっている．実際にはこの走査幅では，レーダーの受信電力の変動を抑えるために必要な独立サンプル数が不足するため，周波数アジリティ（frequency agility）と呼ばれるわずかに周波数を変えた複数のパルスを使う手法を併用している.

衛星搭載のセンサーは打上げ後の性能把握が必要である.「TRMM」降雨レーダーではアンテナ利得や内部回路でのロスなどのシステムに付随するパラメータが校正された．校正は内部校正と外部校正に分かれ，内部校正では送信電力や受信機雑音のモニタがなされた．外部校正は衛星通過時に地上に置かれた送受信機により行われた．上空を通過する衛星搭載レーダーの送信波を地上で受けてそのレベルを確認し，また地上から同じ周波数の電波を発射して衛星搭載レーダーでの受信レベルが確認された．この校正では衛星は移動していくが地上側は固定なので, アンテナビームをよぎるかたちでレベル測定が行われる. これにより送受信機の性能とともに, アンテナの放射パターンの確認もされた.

このようにして1dB（26%）以下の誤差でシステム校正が高頻度で行われた．このような電気的校正とともに，熱帯雨林など電波散乱が安定しているとみられる自然目標物による校正も行われた．これらにより，地上の気象レーダーと比較しても最高レベルの校正が行われていることになった．その結果も，経年変化がほとんどみられない，という優秀なものとなった．また，2001年には寿命延長のため「TRMM」の軌道高度が350kmから403kmに上がり，それによるセンサー感度の予想された変化なども確認されている．このような優秀性から，「TRMM」降雨レーダーを使って地上の気象レーダーを校正することが試みられ（Anagnostou et al., 2001），これは一般化しつつある．

衛星データを用いて推定される様々な物理量の精度検証も必要である．降雨レーダーの場合は，測定量から推定される降雨強度の検証が特に必要となる．

レーダーで測定された量と地上のレーダーのデータ，また地上雨量計網のデータとの比較がなされた．この比較には，衛星通過時のデータの比較を行う瞬時値比較と，ある期間通じての総降雨量を比較する統計的比較法がある．瞬時値比較では，雨量計の10分値あるいは1時間値と衛星搭載レーダーの同じ場所での瞬時推定値との比較となるが，衛星側は数十km^2の広さの瞬時値を推定するので，単純な比較では衛星推定降雨強度と地上観測値との差のばらつきが大きい．このため多数の雨量計また多数の事例の積み上げが必要となる．統計的比較では気象現業官署のもつ雨量データとの比較がある．また降雨強度の頻度分布は対数正規分布に近いものになるといわれており，衛星推定降雨強度の頻度分布のもっともらしさも評価された．さらに，得られた降雨の推定値を用いての予報実験や，河川流出量推定と実測による評価も行われた．

3.2.6　マイクロ波放射計

衛星からの降水観測では，レーダーよりもマイクロ波放射計の方が一般的である．マイクロ波放射計は，可視・赤外放射計と同様に雨や地表面からの熱放射を受信するセンサーである．降水に感度のある周波数帯は，5GHzから200GHzまでである．周波数の低い方は，電離層の影響と必要水平分解能を得るためにはアンテナサイズが大きくなることで制限を受ける．高い方は大気の吸収・放射が強くなり，降水の感度がなくなるために制限を受ける．放射計で測定される輝度温度は大気状態や地表面状態に大きな影響を受ける．このため通常，多周波数また多偏波として多くのチャンネルでの輝度温度データを取得する．これにより，マイクロ波放射計は降水強度の推定にとどまらず，鉛直積算水蒸気量，海面水温，海氷分布，土壌水分量，海上風速などの推定にも用いられる．また，通常1000 km 程度の広い走査幅をもつ．マイクロ波放射計と原理的には同じ測器にマイクロ波サウンダがある．サウンダは気温と水蒸気の鉛直分布を推定することを目的としており，水蒸気や酸素の吸収線を多数の細かい周波数で見ることにより吸収線の形から鉛直分布を推定する．

マイクロ波放射計による降水の観測は，1972年に打ち上げられた米国の「Nimbus 5号」に搭載されたESMR（Electrically Scanning Microwave Radiometer）が最初である．ESMRはチャンネルは1つであったが海上の雨域を把握できることを実証した.多チャンネル化は1978年に米国が打ち上げた「SEASAT（シーサット）」に搭載された多チャンネルのマイクロ波放射計でなされた．「SEASAT」は名前のとおり海面観測を目的とした衛星であり，これは多チャンネルのマイクロ波放射計，可視・赤外放射計以外にも世界初のレーダー高度計，合成開口レーダー，マイクロ波散乱計が搭載された．これらの測器は以後それぞれ実用化され衛星搭載の重要な地球観測センサーとなり,「SEASAT」は一つの時代を画した衛星となった.「SEASAT」は電気系のトラブルのため105日の寿命であったが，合成開口レーダーなどの性能に驚いた米国の軍部が運用を中止したのではないかという噂が流れたほどであった．

マイクロ波放射計による降水観測には吸収モードと散乱モードがある．吸収モードは降水粒子の熱放射を直接に受信するモードであり, 40 GHz 以下の降水粒子の散乱が無視できるか弱い帯域で用いられる．散乱モードは降水粒子による電波散乱により下からの熱放射が遮断される効果を利用する方式であり，散乱が強くなる30 GHz 以上の周波数帯で用いられる．吸収モードでは吸収の鉛直積分量あるいはそれに準じた量を測定することになるので，地表面からの熱放射がわかっている必要がある．海上に降雨があると，海面からのマイクロ波の熱放射は弱い一方，降水粒子による熱放射は強いのでマイクロ波放射計は高い輝度温度を観測する．いわば冷たい海の上に暖かい雨があるように見えることになる．ところが陸上では地面からの熱放射は強いため，暖かい陸面の上に暖かい雨があることになり，吸収モードでは感度が悪くなる．現在，陸面からのマイクロ波帯の熱放射を精密に推定することにより，陸上での吸収モードの適用が研究されている．一方，散乱モードでは吸収は弱いが散乱の強い降水粒子，具体的には氷粒子に感度がある．氷粒子は背の高い降水システムに多いため，背の高い降水システムが冷たく見えることになる．降水システムの上部のみを観測することになるので陸上海上を問わずに使用できる．しかし，降水システムの下層には感度がないため，降雨強度推定の精度は吸収モードに比較して悪くなる．

放射計は雑音を受信する．受信すること自体は技術的には困難ではないが，その精度と確度を保つことが重要である．このため放射計では校正の重要性が非常に高い．マイクロ波放射計は米国においてその後も，SMMR，SSM/I と開発されてきており，SSM/I で 1 つの型が決まった．SSM/I では地表面走査のためアンテナを回転させるが，回転の途中で温度のわかっている校正源を常に見るようにしている．

放射計には可視・赤外帯のものもある．可視・赤外帯の放射計は大気成分の観測において大きな成果をあげているが，降水の観測にも使われる．雲頂の高い雲では赤外帯の輝度温度の低いことと，背の高い雲では強い降水が伴うことが多いという事実を用いる．具体的には，ある領域での輝度温度が 235 K 以下の雲量から経験的に決められたパラメータを用いて降水量を推定していた．パラメータは，全球一様から場所によって変えるなどの向上が図られた．また 11 μm と 12 μm のチャンネルでは巻雲と積乱雲などの見え方が異なることを利用して雲の分類を行い，精度を向上させることも行われた．しかし可視・赤外放射計はあくまで雲を観測しており，雨の直接観測ではないため降水強度の推定精度には限界がある．

「TRMM」ではレーダーとマイクロ波放射計が降水の直接観測に使われた．マイクロ波放射計は海面と地面からの熱放射が大きく異なっていることが原因で，海上と陸上では降水強度推定精度に大きな差がある．これに対してレーダーはその差がほとんどない．その一方，マイクロ波放射計の観測幅はレーダーの約 3 倍あり，その結果観測頻度が 3 倍あり，マイクロ波放射計によるデータの方が統計的には精度がある．このため，レーダーを参照してマイクロ波放射計の精度を上げることが行われた．

実際の衛星搭載マイクロ波放射計の主要諸元の例を表 3.3 に記す．このマイクロ波放射計は AMSR2 と呼ばれるわが国が開発したセンサーである．周波数は目標物の物理的性質によってまず選ばれる．さらに国際的な電波割り当てに沿って決められる．アンテナサイズは，周波数，要求される水平分解能と衛星への搭載性から決まる．走査幅は通常は広ければ広いほど良いが，なるべくギ

表 3.3 マイクロ波放射計 AMSR2 の主要諸元（JAXA ホームページのデータより作成）

プラットフォーム	GCOM-W「しずく」
衛星打上げ	2012 年（平成 24 年）5 月 18 日
衛星高度	約 700 km
観測目標	降水量，水蒸気量，海上風速，海面水温，海氷密接度，など
走査方式	コニカルスキャン
走査速度	40 rpm
観測幅	1450 km
アンテナサイズ	約 2 m
入射角	55°
量子化ビット数	12 ビット
ダイナミックレンジ	2.7 K ～ 340 K
偏　波	垂直および水平
質　量	約 250 kg

観測チャンネル

中心周波数 (GHz)	帯域 (MHz)	ビーム幅 (°)	空間分解能 (km)	サンプリング間隔（km）
6.925/7.3	350	1.8	35×62	10
10.65	100	1.2	24×42	10
18.7	200	0.65	14×22	10
36.5	1000	0.35	7×12	10
89	3000	0.15	3× 5	5

ャップがないように観測することと，各ピクセルに対してある程度の観測時間が必要であることから決まる．

マイクロ波放射計は，SSM/I の方式を踏襲して衛星直下点を中心として円錐状に走査するコニカルスキャン（conical scan）を行う．コニカルスキャンでは地表面を鉛直方向から一定の傾いた角度で観測することになる．マイクロ波放射計で受信される雑音電波は目標物以外に地表面からの雑音が入るが，地表面からの雑音は放射方向により異なる．レーダーと同様のクロストラックスキャンをすると，観測ピクセルにより様々な角度でのデータが入っていることになるが，これは降雨推定を複雑にし，またデータ比較をより困難とするので避けられた．

マイクロ波放射計では同じアンテナを複数の周波数チャンネルで共通で用いるため，それぞれのチャンネルで地上でのピクセルの大きさが異なってくる．

3.2.7　アルゴリズム開発

(1) 概　要

衛星搭載のレーダーによる地上降水強度推定アルゴリズムは大きな発展をみた.「TRMM」降雨レーダーは，Ku帯の13.8GHzという地上の気象レーダーで一般に使われる周波数より高い周波数の電波を使っている．衛星からの降雨観測では降雨内の伝搬路長は短いものの，それでも高い周波数では降雨減衰が避けられない．このため降雨減衰補正が大きな課題となった．衛星からの観測では降雨エコーだけでなく，地表面からのエコーも検出される．このエコーを使った降雨減衰補正法（表面参照法）が開発された.

マイクロ波放射計単独のアルゴリズムは米国で測器の開発と並行して行われてきており，1つの到達点として米国で開発されたGPROFアルゴリズムがある（Kummerow et al., 2001)．これはいわゆるベイズ推定である.

(2) レーダーによる降雨強度推定アルゴリズム

レーダーによる降雨強度推定の基本は，降雨によるレーダー電波の散乱強度(レーダー反射因子と呼ぶ）と降雨強度とが相関をもつこと（Z-R関係と呼ぶ）を利用して，レーダー反射因子から降雨強度を推定することである．ここではレーダー反射因子が正確に求められる必要がある．地上の気象レーダーでは，地上雨量計データにより常時バイアス補正を行うなどの方法がとられるが，衛星搭載レーダーではこのような方法は使えない．さらに使用周波数が高く，強い降雨では降雨減衰が顕著となる．このため受信電力からレーダー反射因子を求める際には，事前にわかっているシステムパラメータや目標までの距離を用いると同時に，その時々で変わる降雨減衰補正を行わなければならない．降雨減衰補正のやり方としては，地上の気象レーダーでは偏波情報を使う方法が一般化しつつある．衛星搭載の降雨レーダーでは，現在は技術的問題があり偏波情報は得ることができない．1波1偏波のみの場合でも降雨減衰係数がレーダー反射因子のべき乗の関数として表される場合には，レーダー反射因子は減衰補正前の値から解析的に表される．これはHitschfeld-Bordanの方法として古くから知られている．数値解法としては降雨補正なしの結果を初期値とし，それから降雨減衰量を推定してレーダー反射因子を補正する方法がある．繰り返し法ではこれをある範囲内に収束するまで繰り返す．しかしこの方法は降雨減衰量が大きいときには小さい量から大きな量を推定していることになり，測定誤差などにより結果が大きく変化してしまうという欠点がある.

衛星搭載レーダーは下方に電波を放射するので，強い地表面エコーが検出される．この地表面エコーは降雨域内では降雨減衰を受けて弱くなる．この強度低下は総降雨減衰量に対応する．これを使った降雨減衰補正法（表面参照法）が開発され，宇宙からのレーダー降雨強度推定アルゴリズムという新しい分野が開けた（Iguchi et al., 2000；Meneghini et al., 2000；Iguchi et al., 2009）．

この方法では無降水時の表面エコー強度のデータが必要である．これについては，レーダーが無降雨と判定したときのデータを積み上げて全観測域の統計的なデータベースを作る方法や，観測された降雨域の前後の無降雨域のデータを使う方法などが開発された．この場合でも陸上と海上では精度が異なるなどの問題があり，どのようにHitschfeld-Bordan法と組み合わせるかは1つの課題となっている．

表面参照法では，単に降雨減衰補正を行うためだけではなく，地表面エコーの強度を利用した総降雨減衰量という新たな量が加わることから，Z-R関係を使うだけの場合より精度の向上が可能となった．実際，雨滴粒径分布の変動はZ-R関係の変動につながるが，雨滴粒径分布について，降雨減衰量を使った新しい結果が報告されている．もし地上の気象レーダーのような降雨減衰の弱い10 GHz帯のレーダーが使用されていたならば，このようなことはできなかった．これは厳しい制限のもとで開発された新しい測器により，新たな分野がひらけた例といえよう．

(3)　マイクロ波放射計による降雨強度推定アルゴリズム

マイクロ波放射計による吸収モードでの降水観測の原理を簡単な例で示そう．図3.7のようにマイクロ波放射計が降水域を観測しているとする．宇宙からの放射は無視し，また雨の温度 T_r と地表面の温度 T_s は一定とする．放射計に入る電波は，①降水の放射，②降水内で減衰した地表面からの放射と，③降水の放射が地面で反射しさらに降水域で減衰したもの，の和となる．キルヒホッフの法則から雨の吸収率 α と放射率は等しい．またエネルギー保存則から地表面の反射率 s と透過率と放射率の和は1となるが，地表面では透過率は0であるので放射率は $1-s$ となる．このことから①は αT_r，②は $(1-\alpha)(1-s)T_s$，③は $\alpha T_r s(1-\alpha)$ となる．放射計の観測する輝度温度 T_{obs} は①，②と③の和として

$$T_{obs}=\alpha(1+s-s\alpha)T_r+(1-s)(1-\alpha)T_s$$

となる．例として地表面の反射はないとすると，$s=0$ となるので観測される輝

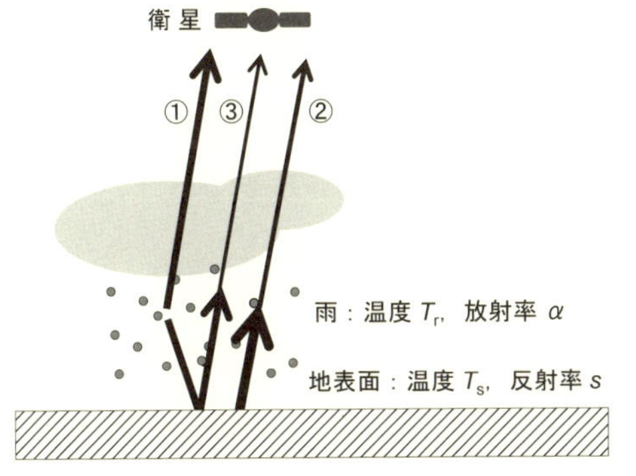

図 3.7　マイクロ波放射計の観測する輝度温度の模式図.
①～③は本文中の説明参照.

度温度 T_{obs} は $\alpha T_r+(1-\alpha)T_s$ となる．この場合は測定される輝度温度は雨の輝度温度と地表面の輝度温度とが吸収率で按分された温度となる．また，地表面が完全に反射する場合は $s=1$ となるので $T_{obs}=\alpha(2-\alpha)T_r$ となる．

上式から T_r，T_s，s などがが与えられれば，測定値から α が求められる．吸収率と降雨域内の電波路長がわかれば，単位距離あたりの減衰率である吸収係数がわかる．そして吸収係数は降雨強度と相関があるので，降水強度が推定される．

吸収係数は周波数による．地表面の反射率あるいは放射率は周波数，偏波そして地表面状態に大きく依存する．さらに物理的温度も様々である．このためマイクロ波放射計は，周波数と偏波の異なる多くのチャンネルをもつことにより，地表面温度など様々な量を同時に推定する．

降雨推定の直接法では，適当な降水システムや地表面のモデルのもとで放射輝度温度から降雨強度を求めるが，不確定要素の数が多いため，いわゆる不良条件問題（ill-posed problem）となる．このためベイズ推定を利用した統計的推定法が開発された（Kummerow et al., 2001）.

事象 A の起こる確率を $P(A)$，事象 B が起きたときに事象 A が起きる条件付き確率を $P(A|B)$ としてベイズの定理は

$$P(A|B)=\frac{P(B|A)P(A)}{P(B)}=\frac{P(B|A)P(A)}{\sum_A P(B|A)P(A)}$$

と書ける．A を原因，B を結果と考えれば，$P(B|A)$ は原因が A であるとき B が起きる確率であり，$P(A|B)$ は結果が B であるときに原因が A であった確率

である．また $P(A)$ は事前確率と呼ばれる．マイクロ波放射計のベイズ推定では，A が降水システムの構造で B が観測値となる．いくつもの降水システムの構造をモデルの結果等から与え，放射計算を行うことにより各チャンネルの放射輝度温度が計算される．これは $P(B|A)$ が計算されたことになる．各構造の起きる確率 $P(A)$ は実際の観測から求めるが，このとき，レーダーによる観測データが活かされる．レーダーはマイクロ波放射計による降水推定のためのデータベース作成に使われることになる．マイクロ波放射計の各チャンネルの観測値から実際の降雨の構造が仮定した各構造である確率 $P(A|B)$ を求め，最も確率の高いものを選ぶ，あるいはその確率による重み付けなどで降雨構造を推定する．

「TRMM」では，レーダーは衛星の進行方向に対して直角面内を走査するクロストラックスキャンである一方，マイクロ波放射計（TMI）はコニカルスキャンであり，走査方式が異なる．このため同じ降水システムを観測する時刻には最大で 1 分程度の時間差があるが，実質的には同時に同じ降水システムの観測が行われる．マイクロ波放射計とレーダーはマイクロ波電波を用いるが，前者は受動型，後者は能動型であり，異なる物理量を測定する．このためそれぞれの推定値比較からそれぞれのアルゴリズムの改良が進んだ．またレーダーの距離分解能による降水システムの 3 次元構造の観測は，マイクロ波放射計の降水推定精度の向上に大きく寄与した．さらに，レーダーとマイクロ波放射計とで整合のとれた降雨強度の推定法の開発という方向性が得られた．

(4) 全球降水マップ

全球観測という衛星の特徴を活かして，衛星データによる全球降水マップが何種類も作成されている（表 3.4）．古くは静止気象衛星による雲の赤外画像データから降水分布が作られた．しかし雲と雨とは別ものであること，経験的な関係式は気候帯により異なること，などから精度は不十分であった．現在の全球降水マップはマイクロ波放射計による降水観測データを基礎としている．わが国でも GSMaP（Global Satellite Mapping of Precipitation）という降水マップが作られている（Kubota et al., 2007）．

マイクロ波放射計は赤外画像による降雨推定に比べてより直接的に降水を観測する．またマイクロ波放射計は多くの地球観測衛星に搭載されている．わが国が 2010 年に打ち上げた GCOM-W「しずく」に搭載され現在も稼働中の AMSR2 は現在，世界最高の性能をもっているといってよい．その一方，マイ

表 3.4　衛星データによる全球降水マップ（2015 年 4 月現在）

作成機関	降水マップ名称	対象領域	空間分解能	時間分解能	提供遅れ
JAXA	GSMaP（世界の雨分布速報）	全球	約 10 km	1 時間	4 時間
NASA	IMERG（GPM のための統合複数衛星リトリーバル・プロダクト） ※ 2015 年 3 月末に定常運用を開始	全球	約 10 km	30 分	6 時間
NOAA	CMORPH（気象予測センター・モーフィング・プロダクト）	全球	約 8 km	30 分	18 時間
EUMETSAT	H-SAF（現業水文・水管理のための衛星応用ファシリティ）PR-OBS-5	欧州域	約 8 km	3 時間	試験運用中
カリフォルニア大	PERSIANN（ニューラルネットワークを利用したリモートセンシング情報からの降水量推定プロダクト）	全球	約 25 km	1 時間	1 日
NASA	TMPA 3B42RT（TRMM 複数衛星降水解析プロダクト 準リアルタイム版）	全球	約 25 km	3 時間	10 時間
NASA	GPCP-1DD（全球降水気候値プロジェクト　1 度日平均版）	全球	約 100 km	1 日	3 ヶ月
NOAA	CMAP（気象予測センター降水量合成解析）リアルタイム版	全球	約 250 km	5 日	6 日
NASA	GPCP（全球降水気候値プロジェクト）	全球	約 250 km	1 ヶ月	2 ヶ月

クロ波放射計は低軌道衛星にのみ搭載されているので走査幅が狭く，全球を常に観測することはできない．そこで常時観測を行っている静止気象衛星の雲画像を使って，マイクロ波放射計による降水分布を時空間内挿する手法が開発されている．そこでは雲画像での雲の発達の情報も取り入れられている．

レーダーのデータは，マイクロ波放射計の降雨強度推定の基礎となるデータベースの作成とともに，推定結果の検証にも使われている．例えば，山地では山の斜面で強制された上昇流による強い降水があるが，マイクロ波放射計の降雨強度推定では過小評価となることがある．マイクロ波放射計の降雨推定アルゴリズムの中で仮定されている降雨域内の電波路長が実際より長くなると過小推定となるが，このようなときはレーダーから実際に降雨頂が比較的低いことがわかっている．

衛星による全球降水マップは，複数の衛星データを使用して作られている．これは基本的には衛星観測のみによる推定であり，地上観測は検証のみ，という方向である．衛星データのみから降水分布が得られればそれに越したことはないが，現状では衛星データのみではまだ誤差が大きい．このため実用的な方法として，アメリカでは「TRMM」の標準プロダクトの1つとして，地上の雨量計データも校正源に使った降水マップも開発されている．この方法では，全球で一様な精度という衛星観測データの特長は失われるが，全体としての精度は上がる．

◇◇◆ 3.3 衛星観測による降水の特性 ◆◇◇

3.3.1 概　要

衛星搭載の降雨レーダーは，降水システムの3次元構造を観測できるというほかにはない特徴をもっている．その一方，走査幅が狭いので長期にわたる観測を行わなければ降水システムの気候値は得られない．幸いなことに「TRMM」は17年間以上稼働したので，よいデータセットが得られた．熱帯・亜熱帯域の降水分布の精度の高いデータが得られるとともに，エルニーニョに伴う降水分布の変化などが明瞭に示された．3次元的な降水構造の気候値から海上と陸上の降水システムの差異，さらには熱帯域の大気大循環の駆動源である潜熱放出の分布も得られた．なお，本節の多くは『宇宙から見た雨2』(JAXA, 2008) および中村（2008；2011）を基にしている．また気象学の基礎については小倉(1999) が定番の教科書となっている．

3.3.2 世界の降水分布

衛星データを使って作成された世界の平均降水分布をまず示そう．図3.8は極域を除いた世界の降水の年平均分布である．まず気がつくことは，南北半球

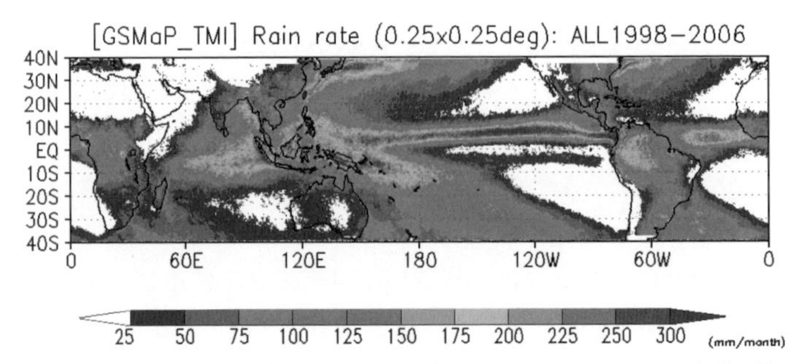

図3.8　衛星データによる世界の降水分布の例（JAXAホームページより）[口絵15参照]

の差である．北半球では降水分布が大陸と海洋の分布に対応して南北方向だけでなく経度方向にも大きく変動している．それに対して，南半球では海が広がっているため南北方向の差は顕著であるが，経度方向には北半球ほどには変動していない．次に気がつくことは太平洋，大西洋の赤道域に東西に大きく広がる降水帯があることである．これは熱帯収束帯（Inter-Tropical Convergence-Zone：ITCZ）と呼ばれており，暖かい海水の上に広がる降水域である．特に熱帯西太平洋からインドネシアにかけての領域は世界的に降水量の多い領域である．降水は水蒸気の凝結の結果であり，凝結の際に放出される水蒸気の潜熱により大気は加熱される．熱帯西太平洋域に多量の降水があることは，この領域が大気大循環の駆動域の１つとなっていることを示している．インドネシアから東南東に広がる降水帯もあり，これは南太平洋収束帯（South Pacific Convergence Zone：SPCZ）と呼ばれている．この降水帯は北半球日本付近の梅雨前線と構造が若干似ているとされている．ITCZ は陸上でもアフリカのコンゴ盆地や南米アマゾン域で見られるが赤道域に位置し，海上とはその南北の位置が若干異なっている．特に太平洋では，ITCZ は赤道直上ではなく北に偏っている．これは赤道直上では海面水温が低いことに起因している．赤道上の下層対流圏では東から西向きの貿易風が吹いており，海の表面で海水が西へ引っ張られ，東側の水温の低い海水が流れ込む．同時に貿易風による南北方向の海水の流れは赤道から離れるようなコリオリ（Coriolis）力（地球の自転に伴う力）を受け，下層のより冷たい海水が上昇するエクマン（Ekman）湧昇と呼ばれる現象が起きる．これらにより海面水温が低下する．中緯度から高緯度域では北太平洋，北大西洋において西南西から東北東に延びる降水帯があるが，これはストームトラック（storm track）と呼ばれるところに対応し冬季の強い低気圧に起因している．いわゆる爆弾低気圧はここで発達する．日本付近から延びるこのストームトラックの先は，カナダの太平洋沿岸部にある．低気圧に伴いカナダのロッキー山脈の西側で降水が多くなっている．この降水帯の低緯度側は日本付近では東シナ海に，また北大西洋では米国のフロリダ半島から始まっている．これらの領域は黒潮とメキシコ湾流という非常に強力な暖流の位置にあたっており，暖かい海により降水が強化されていると考えられる．山脈の影響はインド亜大陸の西側の西ガーツ山脈でも明瞭にみられる．西ガーツ山脈は高度は 2000 m 程度と高くはないが，モンスーン季にアラビア海からの多量の水蒸気輸送により多量の降水がもたらされる．

図 3.9　衛星データによる降水分布. 気象衛星の赤外雲画像に重ねている. (2008 年 10 月 9 日世界時 18：00 ～ 19：00；JAXA ホームページより)

降水分布を経度方向に平均し緯度別の降水分布にすると, 熱帯域に 1 つのピークがあり, また中緯度にもう 1 つのピークが現れる. 北半球側の中緯度の降水帯は南半球側よりも南北に広がるが, これは前に記した海陸コントラストにより降水帯が緯度方向にも延びるためである. また高緯度では降水量が年間 200 mm 以下となり, 砂漠に近い状態となっている. 極地では降雪量が多いように想像するかもしれないが, 実際の降水量は非常に少ない. このような緯度方向のパターンは概要は知られていたが, 量的に信頼のできるデータとなったのは最近のことである. ここでは衛星による地球規模の均一な観測によるところが大きい.

図 3.8 に示した世界の降水分布はなめらかにみえるが, 短時間の降雨分布は非常に異なる. 図 3.9 は 2008 年 10 月 9 日の世界時 18 時から 19 時までの 1 時間降雨量分布である. 雨域は局地的であり平均の降水分布からはかけ離れていることがわかる.

3.3.3　降雨頂の分布

降水システムは時間空間の 4 次元の構造をもっており, 面的な構造のみではその詳細を把握することはできない.「TRMM」や「GPM」主衛星に搭載された降水観測用のレーダーでは降水システムの鉛直構造を観測することができる.「TRMM」降雨レーダーによって初めて可能となったデータとして高度分布をみてみよう. 一般には降水システムの頂き (降雨頂) の高度が高いほど強い降水システムとなるので, この分布は降水量の分布とよく似た分布を示す. 北緯 35° 付近での鉛直断面を図 3.10 に示す. 太平洋の東の西経 140° (東経 220°)

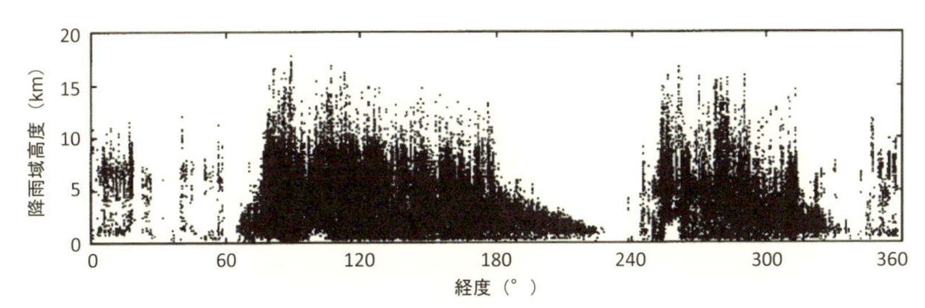

図 3.10　1998 年夏季の北緯 35° 付近の降雨頂の分布

あたりから日付変更線（東経 180°）にかけては，東から西に向けて降水システムの高度がほほとんど直線的に西に向かって上昇している．この上昇は日付変更線あたりから急激になっている．同様の傾向は亜熱帯域を中心に広くみられる．これはウォーカー(Walker) 循環と呼ばれる大気の東西循環によっている．西太平洋域は暖かい海水からの蒸発による大きな積雲降水システムが発達する．これにより上昇流が生じるがその下降部が東太平洋域に存在する．下降域では降水システムの発達は弱く，雲頂は下層大気の気温逆転層で押さえられる．一方，日付変更線以西では一般に上昇域となっており，強く高い降水システムが発達している．このような状況はよくみると大西洋域でもみられる（Short and Nakamura, 2000).

3.3.4　熱帯の雨と温帯の雨

前節でみたように降水の形態は中高緯度帯と熱帯では大きく異なる．中緯度では低気圧に伴う降水が多い．低気圧は，地球が回転している条件のもとで南北の気温傾度を解消しようとする大きな乱れであり，東西の代表的なスケールは数千 km である．またこの低気圧は数日のスケールで発達するとともに一般に偏西風で東に流される．一方，熱帯域は孤立積雲からの降水が多くを占め，またそれらが集まったスーパークラスタと呼ばれる降水システムがある．大きなスケールの降水システムとしては，赤道域を東に進むマッデン–ジュリアン(Madden–Julian) 振動や台風がある．また多くの地域では雨季と乾季がある．わが国はアジアモンスーンの北東の端にあり，梅雨期は雨季ともいえるが，逆に熱帯域の雨季は長い梅雨のようなものともいえよう．

このような熱帯域と温帯域の降水システムの構造の差異は，衛星から見た地球上の雲や雨の画像（図 3.9）を見てもわかる．熱帯域ではたくさんの大きな丸い雲の塊がある一方，中高緯度域では低気圧により東西に長く南北にうねっている雲が多い．熱帯域の降水は水蒸気の凝結に伴う潜熱放出がエネルギー源であり，降水システムの基本的な駆動源が中高緯度域の低気圧などとは異なっている．このような降水システムの差異は，その時間スケールにも現れる．中緯度では低気圧またそれに伴う前線による降水が同じ場所でも半日以上にもわたって継続する．中緯度の降水の源の水蒸気は低気圧に伴って遠くから運ばれており，低気圧がその構造を維持している限りその補給は続く．その一方，熱帯域の降水は，台風などを除いて，せいぜい数時間で終了する．熱帯域の個々の降水システムは，水蒸気の潜熱放出が駆動源である．この水蒸気を遠くから集めてくるには時間がかかり，その間に地球の自転の影響が現れてくるため，あまり遠くからは集めてくることができない．熱帯域の降水は大気の鉛直混合が主であるが，中高緯度の降水システムは南北の水平混合によるといってもよい．これは中高緯度の大きなスケールの運動では，地球の自転の影響により鉛直方向の運動が強く抑制されるためである．

熱帯ではよくスコールが午後から夕方にかけて降る，といわれる．実際，東南アジアへ旅行をするとスコールによく遭う．スコールは数時間で終了するので，スコールが来ても人々は建物などで雨宿りをしている．日本では雨が降りだすとしばらくは止まないので傘をさして歩き出す．このようなことでも熱帯域の雨と中緯度の雨の差が現れる．「TRMM」は太陽非同期の軌道をとっているので，世界の各地を異なった地方時で観測する．このため，たくさんのデータを積み上げることにより世界の降水の日周変化をみることができる．この日周変化は陸上と海上とでは大きく異なる．陸上では地面が日射により暖められることが主要因で雲・降水システムが立ち上がるが，海上では海の大きな熱容量のため海面水温は1日ではせいぜい1℃程度しか変わらず，海面水温の日周変化による降水の変化はほとんど現れない．しかし雲頂での夜間の放射冷却による対流や，気温の変化による相対湿度の変化により，弱いながらも明け方に降水が多い傾向がある．

図3.11はレーダーによる降水の日周変化の例である．色は地方時を表しており，暖色は午後の雨を，寒色は午前の雨を示している（カラー口絵17参照）．長期のデータ蓄積によりなめらかな結果となっている．熱帯域では陸上で午後の雨が多いこと，陸に近い海では午前の雨が顕著であること，またブラジルの熱帯の東域などで，色が徐々に変化しており降水の多い時刻がずれていること

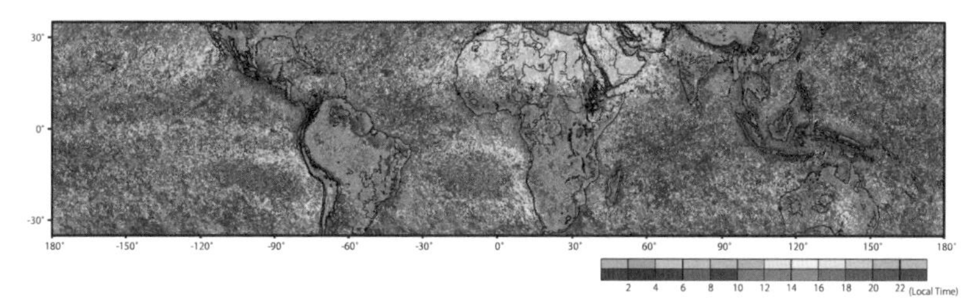

図 3.11　「TRMM」による降水の日周変化［口絵 17 参照］
降水の多い地方時により色分けした.

がわかる．このような時刻のずれは世界各地でみられ，かなり一般的な傾向であることがわかってきている.

3.3.5　陸上の雨と海上の雨

衛星は陸上，海上を区別せずに観測するために，陸上の雨と海上の雨の差異を知ることができる．一般的には陸上の雨の方がいったん降り出すと強い雨となる傾向がある．海上では水蒸気が豊富であり，降水量そのものは確かに海上の方が多いが，強い降水のみを取り出すと陸上で多くなる．強い降水となるには，強い上昇流により多量の水蒸気凝結を起こす必要がある．このためには，下層が暖かく水蒸気を多量に含んでいると同時に，周りの大気がそれに比べて冷たく乾燥している必要がある．海上では周りの大気も湿っているため不安定度は比較的小さいが，陸上では周りの大気は乾燥していることが多いため，大きな不安定度が現れる割合が多くなる．降水システムの高さの分布をとってみても陸上では明らかに降水システムの頂きが高いことが現地観測からわかっていたが，このことが衛星観測により熱帯域では一般的にみられることがわかってきた．さらに，陸上の降水の特性は雨季と乾季でも異なることもわかってきた．アマゾン域の雨季の前後は強い降水があるが，雨季に入ると降水は多量であるものの，比較的穏やかになる傾向がある．インドなどでも同様の傾向がみられる．雨季の降雨は陸上でも海洋性の傾向を示すわけである．これは雨季は大気が全体的に湿潤となり，大気の不安定度が減少するためと理解される.

雷も陸上と海上とでは頻度が大きく異なる．強い降水システムでは雷を伴うことが多いが，雷の元となる電荷分離のためには上空に氷が必要とされており，背の高い降水システムでより雷は多くなる．このため雷は陸上で多く，海上で

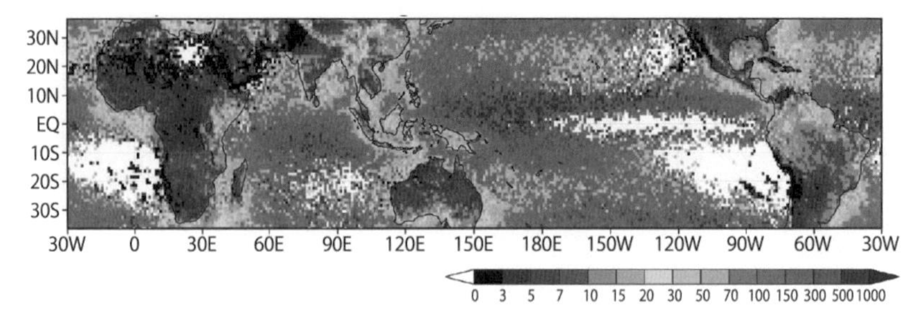

図 3.12 降雨量の発雷に対する比率の世界分布（JAXA ホームページより）
単位 10^7 kg/ フラッシュ．濃いところは降雨量に対して雷が多いことを示す．

ははるかに少なくなる．「TRMM」には雷センサーも搭載されており，降水の観測と同時に雷の観測も行われた．図 3.12 は「TRMM」による降雨量の雷に対する比率と雨の分布である．陸上と海上では大きく異なることがわかる（Takayabu et al., 2006）．

降水の分布にも海と陸の差は現れる．海上の降水は海面水温などの影響を受けるが，海面水温などは大きな空間スケールの変動である．一方，陸上の降水は地形の影響を大きく受けるため，細かい空間スケールの変動がある．実際，長期にわたる「TRMM」のデータから，ヒマラヤなどでは山岳の地形に沿った降水のあることがわかってきている．

3.3.6 台 風

熱帯から亜熱帯にかけての大きな降水システムの 1 つは台風である．日本の年間総降雨量は上陸した台風の個数に大きく影響される．また台風は大きな災害をもたらす一方，大きな水資源でもある．2005 年の夏，四国では渇水で，四国山地にある水がめである早明浦ダムはほとんど空となったが，たった 1 つの台風により満杯となった．台風は場所によりハリケーンまたサイクロンと呼ばれるが，いずれもカリブ海や西太平洋域など海面水温が 26℃以上の暖かい海上で年間 80 個程度発生する．台風は強大な降水システムをもち，この降水により放出される潜熱をエネルギー源としている．台風は熱帯域の現象ではあるが，その発生・維持には大気の下層で台風中心へ向かう効率的な水蒸気輸送が必要であり，このためには地球の自転にともなうコリオリ力が必要である．このため台風は，コリオリ力があまりはたらかない赤道付近の緯度帯では発生しない．熱帯海上で低圧部ができると，コリオリ力がなければすぐに周りから空気が流

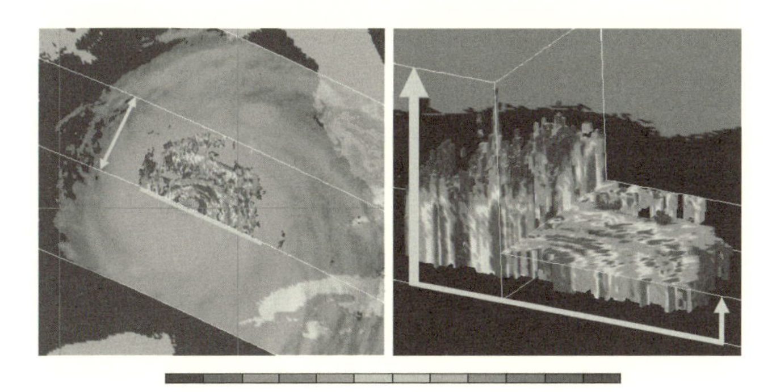

図 3.13 「TRMM」降雨レーダーによるハリケーン・カトリーナの画像（JAXA ホームページより）[口絵 18 参照]

入して低圧部を解消する．しかしコリオリ力がある場合には低圧部への気圧傾度に対応した低気圧性循環が現れ，それ以上は流入しなくなる．ところが下層では地表面摩擦があるため，風速は小さくなり，コリオリ力では気圧傾度にバランスできなくなり，低圧部の下層に空気が流入し上昇流が起こる．熱帯海上の下層の大気は大量の水蒸気を含むため，上昇流により大きな凝結熱が放出される．このように，広域の風が地表面摩擦により収束し，それによる上昇流が水蒸気の凝結そして大気加熱をもたらし，それがまた上昇流を強化し広域の風を駆動する，というメカニズムは，熱帯の特異な大型降水システムである．台風では凝結による潜熱放出がエネルギー源であるので，雲と降水は原因といえる．

図 3.13 は 2005 年に米国南東部を襲い，ニューオーリンズ一帯に大きな被害をもたらしたハリケーン・カトリーナの衛星画像である．広がった雲の中にバンド状の降水域があることがわかる．また眼の周囲の背の高い降水もみられる．

台風は巨大で暴風雨を伴う激しい現象であるが，台風全体の降雨構造をみると層状性の降雨が広がっており，また雷は少ない，というようにおとなしい面もある．このような台風の構造は，陸に近づいたときは直接観測できるが，陸から離れた洋上でその全体像を観測することはかつては困難であった．しかし現在では衛星からの観測がそれを可能としている．

3.3.7 潜熱放出

水が水蒸気になるときには蒸発熱を吸収するが，凝結するときにその熱を凝結熱として放出する．これは潜熱放出と呼ばれる．この量は標準状態（0℃）で 2500 kJ/kg である．熱帯域では雲の形成による潜熱放出が大気大循環の大きな駆動源となっているため，その分布を知ることは地球上の気候を考えるうえで重要である．潜熱放出量の鉛直積算は広域でならせば地上降水量に対応する．また潜熱放出が大気の下部で起きると大気を不安定化して対流を駆動するが，上部で起きると逆に対流を抑制することにもなるように，潜熱放出の3次元分布が重要である．積雲・降水活動による大気加熱の実測はいくつかの方法によってなされてきている．多数のラジオゾンデを長期にわたり飛揚させてある決まった領域内のエネルギー，水蒸気等の収支を得ることによる方法，積雲降水システムの内部に多数のドロップゾンデを投下する方法，複数のドップラーレーダーにより積雲降水システムの内部の気流，特に鉛直流を求め，鉛直流と潜熱放出量がよい相関をもつことを利用する方法，さらには観測データを詳細モデルに同化することによりモデルから潜熱放出を推定する方法などがある．多数の事例についてこのような方法により，積雲降水システムによる潜熱放出の鉛直構造の大まかな特徴がわかってきた．しかし個々の事例からでは熱帯域での潜熱放出の3次元構造の観測は困難であることは明白であり，衛星による観測データの活用が期待された．衛星搭載のレーダーからは降水システムの3次元構造がわかり，特に対流性と層状性との区別が可能である．潜熱放出の鉛直プロファイルは対流性と層状性では大きく異なることが事例観測からわかっている．図 3.14 に模式的に鉛直プロファイルを示す．対流性の場合は降水システムの全層にわたり潜熱が放出されるが，層状性の場合は上部で潜熱放出があるものの，下部では雨滴の蒸発による潜熱吸収がみられる．衛星観測から降水システムを対流性と層状性とに分け，それぞれについて地上降水量の重みをつけ

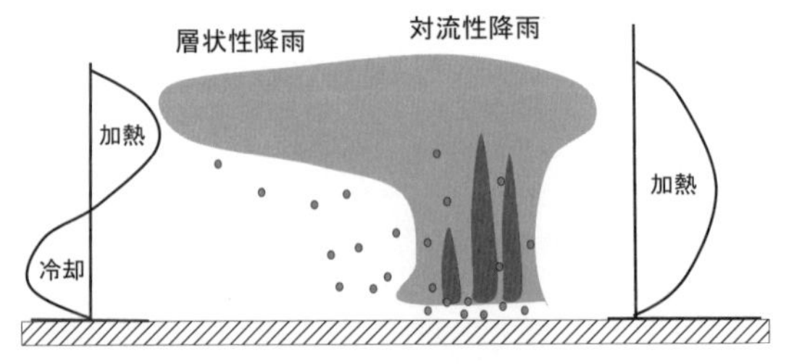

図 3.14　対流性と層状性の降雨による潜熱放出の鉛直プロファイル

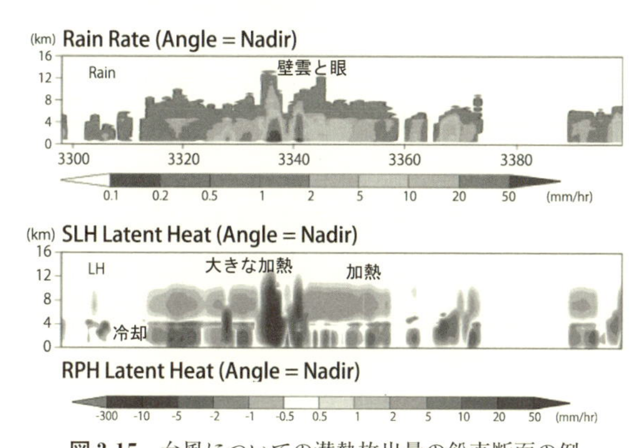

図 3.15　台風についての潜熱放出量の鉛直断面の例

上：降雨強度，下：潜熱放出量．高度 5 km 以下では冷却領域が広がっている．

ることにより潜熱放出の鉛直分布の推定が行われている（Tao et al., 2006）．図 3.15 は台風についての潜熱放出の分布の例である．眼の壁雲付近で高くまで大きな潜熱放出が起きている．その一方周囲では層状性の降雨が広がっており，下層で蒸発による冷却，上層で凝結による加熱がみられる．

3.3.8　中高緯度の低気圧

中緯度では降水の形態が熱帯とは大きく異なっている．低気圧擾乱は，地球大気が大きくみて水平には一様，鉛直方向には安定成層をなしていることと，地球が自転していることに起因している．天気の移り変わりを振り返ってみればわかるように，中高緯度の天気は数日で変化する．その一方，地球の自転は 1 日で 1 回転であるので，大ざっぱにいって，1 日以上の時間スケールをもつ大気現象は地球の自転の影響を強く受けるといってよい．この低気圧の維持発達機構は，傾圧不安定として知られている．この不安定擾乱は中層の風で流されながら増幅する．また特徴的なこととして，発達中の低気圧の中心位置は上層では下層よりも西にずれる．この状態で低気圧とともに動いている座標でみると，北半球の場合，低気圧の軸の東側では，中層では南風が入ることにより大気は浮力を感じて上昇しようとする．そして下層に低気圧循環，上層に高気圧性循環を作り，下層の低気圧を強化しようとする．また中層の低気圧の上側では西からの低気圧渦の移流，下側では東からの低気圧渦の移流があるが，この渦はその場の気圧場とバランスできなくなり，上層下層ともに発散しようとする．これにより中層では渦管の伸張が起こり，中層の低気圧性渦が強化される．このように低気圧の軸が西にずれることは低気圧の発達のために必要であるが，あまり大きく西に傾くと中層の低気圧の軸の東側での上昇流が強すぎ，南北の密度勾配以上に空気が上昇し，浮力がはたらかなくなり，低気圧は発達できなくなる．このように中緯度の低気圧は大きな力学場の不安定性が原因であり，降水域も前線に沿うように広く広がる．このことは衛星による雲や降水分布にも明瞭に現れている．

低気圧の発達には南からの暖かい風の移流と上昇が必要であり，これは赤道側の暖かい空気と極側の冷たい空気との間の温度コントラストを解消するようにはたらいている．そして，上昇流があれば十分な水蒸気のあるところでは雲・降水活動が起こる．このように低気圧に伴う降水は力学場の結果といえるが，雲・降水活動による潜熱放出は低気圧の構造を変化させ，場合によっては低気圧をさらに大きく発達させる．

3.3.9 降水の季節変動，年々変動

わが国でも梅雨や秋霖のような雨期があるように，降水には大きな季節変動がある．植生に現れる気候図では気温と降水量が第一の決定要因となるが，次いで降水の季節変化が決定要因となる．農業は降水の季節変化に大きな影響を受けているように，降水の季節変化は人間社会にも大きな影響をもっている．

世界的には降水量は夏に多いので全球の降水マップを見ると夏半球側で多い．インドでは夏季には多量の雨があるが，冬季は乾燥し，このため低緯度にありながら密林はあまり形成されない．ITCZ（熱帯収束帯）も場所により夏に多くの降雨がある．日本では夏季は梅雨や秋霖また台風もあり降水量が多いが，冬季は日本海では雪があるが太平洋側は乾燥する．また大きな年々変動もある．ここでは季節変動の代表としてモンスーンを，年々変動の代表としてエルニーニョについて若干述べる．

(1) モンスーン

日本を含め東南アジアの降水はアジアモンスーンと密接に関連している．モンスーンはもともとはインド洋の季節風を表す言葉であったといわれている．

インド域では夏季と冬季で風向きが大きく変わり，それに伴い降水も大きな季節変動をもっている．モンスーンは大規模な海陸コントラストによっており，夏季はインド東南アジア域は湿った南西風が卓越する．この風はインド洋南半

球から赤道を越えてアラビア海上で下層南西風のソマリージェットとして現れ，インドに多量の降水をもたらす．またベンガル湾からインドシナ半島へも南西風として，さらには南シナ海から中国東部から日本にかけても南西風として多量の水蒸気を運ぶ．このような大きな季節風変動により，まず5月にインドシナ半島において雨期が始まり，6月の初めにはインドでは雨期が始まる．このモンスーンによる雨季は中国のMeiyu，日本の梅雨，そして韓国のチャンマ（Changma）としても現れる．モンスーンについては近年研究が大きく進んでいる．インド域のモンスーンには季節内変動と呼ばれる1～2ヶ月スケールの変動があり，その構造をもたらす大規模場の様相が解析的研究を通して進められているが，その起源については未知の部分が多い．また年々変動も興味がもたれている．これについては特にエルニーニョ南方振動（ENSO）との関連が注目されているが，その関係は必ずしも顕著ではなく，チベット域の積雪などの地表面状態の影響が大きいという説も有力である．

(2) エルニーニョ

年々変動でそのメカニズムが最もよく知られている現象としてエルニーニョがある．エルニーニョ時にはペルー沖の海水温が上昇しカタクチイワシ科の魚であるアンチョビーの漁獲高が激減することで知られていたが，これは熱帯域の太平洋にまたがる大きな大気海洋相互作用による現象であることがわかっている．通常の状態ではインドネシアの東の海水温は高く，これにより強大な積雲・降水活動がある．この積雲・降水活動による潜熱放出により大気は加熱され，上昇流が生じる．そして東西に広がる大きなウォーカー循環が引き起こされ，その下部が東風の貿易風となって現れ，海水を西に動かす．赤道を西に動く海水は太陽放射により次第に温度を上げて，インドネシア周辺に温水プールを形成する．このような大気と海洋による大きなフィードバックにより1つの安定状態が作られる．この状態が崩れると，熱帯太平洋の降水域は赤道中部太平洋に移動しエルニーニョとなって現れる．このように，エルニーニョは熱帯太平洋域の大きな変動として現れ，地球上に広くその影響が現れる．図3.16は1997～1998年に起きた大きなエルニーニョのときの降水の分布と平年時との差を示す．熱帯西太平洋の降水域が通常は西太平洋域にあるが，エルニーニョ時には中部太平洋域に移動していることが明瞭にわかる．図3.17はそのときの海面水温の分布と，同じく平年時との差を示している．エルニーニョになると中部太平洋域の海面水温が上昇しており，降水分布と強く関係していることが

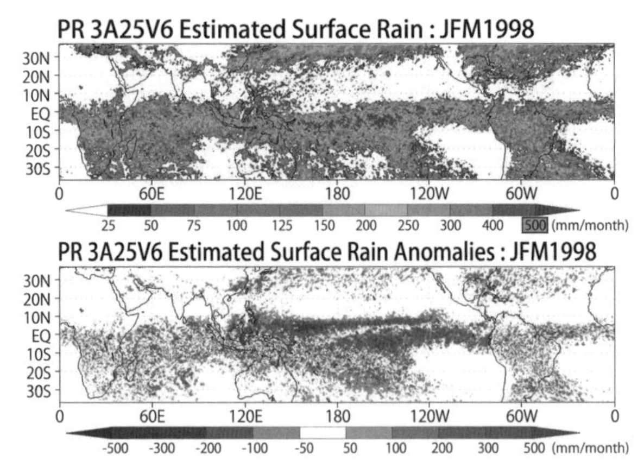

図 3.16　エルニーニョ時の降水分布（上：1997 年 12 月～1998 年 2 月）および平年の分布からの偏差（下）（JAXA ホームページより）［口絵 19 参照］

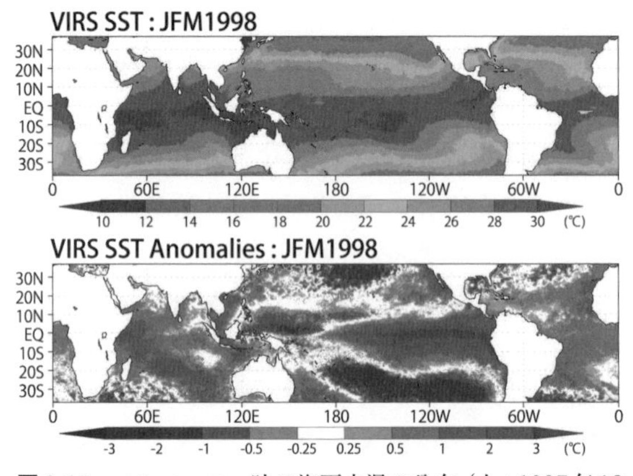

図 3.17　エルニーニョ時の海面水温の分布（上：1997 年 12 月～1998 年 2 月）および平年の分布からの偏差（下）（JAXA ホームページより）［口絵 20 参照］

わかる．エルニーニョが終了するときには，西風が強まるとともに西風の領域が東に動く．1997～1998 年のエルニーニョの終了時は，この西風領域に伴う降水域や大きな渦をもった風の場が，太平洋の西から東へ大きく移動したことが示されている（Takayabu et al., 1999）．

3.3.10　地球温暖化と降水

地球温暖化についてIPCC報告は，地球表面の気温は1880年から2012年で0.85℃の上昇を示しており，二酸化炭素やメタンなど人為起源の物質の温暖化効果を考えないと説明できないとしている（IPCC, 2013）．また気温の経年変化をみると近年の上昇が顕著である．過去1000年にわたっても，年輪や珊瑚コアなどから気温変化が推定されているが，ここでも近年の気温上昇は目立っている．1℃程度の気温変化は過去45億年の地球の歴史の中では大きいものではないが，その急激な変化が問題であり，生態系，社会，そして地球システムに与える影響は未知であり，今後の予測が必要である．地球温暖化による降水分布の変化は直接に人間社会そして生態系に影響を及ぼす．わが国においても，春の河川水は田植えにとって重要である．その水の多くは山に降った雨あるいは雪によっている．山の雪はいわば自然のダムであり，雪解け水は水資源として重要な要素となっている．また将来梅雨がどうなるのか，台風は増えるのか減るのか，など，国土の狭いわが国は，将来降水分布の変化による大きな影響を受けるおそれがある．

降水量の変化については気温ほどには明確な結果は出てきていない．降水は気温に比べて時間的空間的変動が激しいため，十分な精度の気候値を得ることが困難であることによる．しかし，IPCC報告は，20世紀に入ってから世界の降水量は数%の増加を示しているとしている．なお，この結果はデータのある陸上に限定していることに注意する必要がある．地球温暖化のモデル結果はおしなべて降水量の増加を示している．これは気温による飽和水蒸気圧の増加に起因していると考えられる．実際，0.8℃の気温上昇は5%程度の飽和水蒸気圧の上昇に対応し，この値は過去100年の降水量増加にオーダー的には合致している．しかしながら，モデルの不確定性はいまだ大きく，また飽和水蒸気量の増加が直接に蒸発量の増加に効くわけではないため，降水量の変化についての結論はまだ出ていない．実際，地球温暖化により大気の水蒸気量は増えているが，降水量はあまり増えていないようである．それでも衛星による降水観測からは，熱帯域の降水量は増加しているらしいことが示されている（Gu et al., 2007）．図3.18はTRMM降雨レーダーによる熱帯・亜熱帯域の降水量の変化であるが，ここでも若干増えている傾向がみられる．しかしレーダーの校正の精度の確認がなお必要である．なおこの図では，2001年半ばから線が2つある．これは「TRMM」の軌道変更前後で感度の変化があり，見逃している降雨

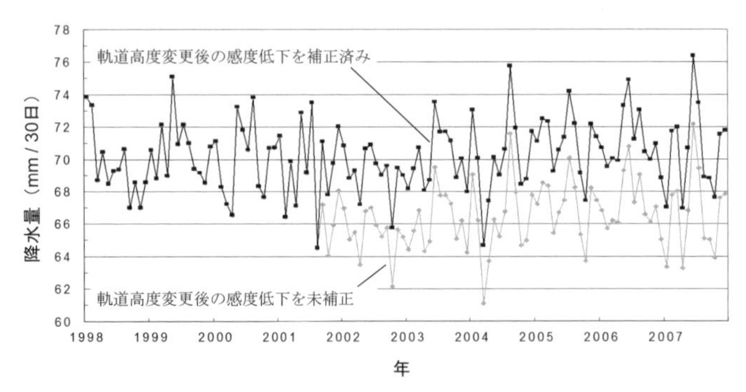

図 3.18　衛星搭載レーダーによる熱帯亜熱帯域の降水量の経年変化（JAXA ホームページより）

量の変化を考慮した場合としなかった場合のデータである．実線が考慮した場合である．

温暖化の将来予測では熱帯はエルニーニョ傾向になるといわれている．また近年はハイエイタス（hiatus）と呼ばれる温暖化の停滞が起きている．これらに伴う降水の変化の有無も今後の研究課題である．

降水の量的変化とともに質的変化も予想されている．極端現象（extreme events）と呼ばれる現象が増えるのではないか，といわれている．実際，IPCC 報告でも強い降雨が増えている傾向が報告されており，わが国でも同様な傾向が示されている．現在，衛星データを用いてその検証が進められている．

コラム 9 ◆ 雲と降水

降水現象について少し述べておこう．この地球上に住んでいる我々にとっては降水はありふれた現象であり，どうして降水が生じるかについてはあまり疑問を抱かないかもしれない．しかし降水は自明な現象というわけではない．液体の水の存在自体がかなり稀な現象であるが，これは太陽と地球との距離等で，地球が，生命居住可能領域，いわゆるハビタブルゾーンに入っていることから説明されている．

液体の水が存在してもそれが水蒸気となり上空で凝結して雨となり，地表面に落ちるように水循環を起こしていることはこれまた自明ではない．地球の場合には地表に液体の海が広がっているなかで，太陽放射エネルギーの放射吸収バランスからは地表に近いところが温まり，鉛直面内で対流が生じることから降水が必然的に生じる．

地球は宇宙からみれば 255 K 程度の温度をもつ．これは入ってくる太陽エネルギーの 30% を反射し，残りをいったん吸収した後に暗い宇宙へ再放射するバランスから決まっている．しかしながら大気中では気温は一様ではなく温度構造をもつ．温室効果としてよく知られているように，地表付近の気温は 290 K 程度と暖かくなっている．これは地表付近は可視域を中心とした短波長の太陽放射とともに大気から赤外域の熱放射も受けるためといえる．この温室効果からも想像できるように，大気は温度構造をもつ．鉛直 1 次元で大気の成分を与えてその可視・赤外域の放射吸収特性から大気の放射のみによる気温を求めると，成層圏の気温構造は再現されるが，対流圏の気温構造には約 17 K/km の非常に大きな気温減率が現れる．乾燥大気では上空に行くと気圧の低下により断熱膨張が起こり温度が下がる．乾燥断熱減率 Γ_d は，空気の定圧比熱を c_p（1004 J/kg·K），重力加速度を g（9.8 m/s^2）として，よく知られているように，

$$\Gamma_d = g/c_p \approx 9.8 [\mathrm{K/km}]$$

である．覚えるには気温 T（K），高度 z，重力加速度 g を使って static energy（$c_p T + gz$）が一定ということを使えばよい．式からもわかるようにこの乾燥大気の気温減率は地球表層では気温，気圧によらずほぼ一定である．

大気の上端から太陽エネルギーが入射し，大気による吸収・再放出を考えると，平衡状態では大気の気温減率は乾燥断熱減率よりも大きくなり，大気下層が上層に比べて非常に高温となり，鉛直一次元的に不安定となる．このことから地球大気の条件では，水平移流が弱ければ必ず上下の対流が発生することがわかる．さらに地球では表面に海が広がっているため，海表面に近い大気は水蒸気を多く含む．大気に水蒸気が含まれているときには，空気塊が上昇すると空気塊の気温が下がるため水蒸気が凝結して雲ができる．雲粒が集まれば降水となるので，降水が起きることになる．また空気塊が上昇したとき，その空気塊の気温が周りの気温より高くなるとますます浮力を得て上昇することになり，対流は強

化されることになる．気温減率は乾燥断熱減率から緩和され湿潤断熱減率となり 6.5 K/km 程度となる．なお湿潤断熱減率は気温や気圧に依存する．

以上は鉛直 1 次元での議論であるが，地球大気では鉛直方向に十分混合しても赤道と極との間で温度差が生じる．太陽からの入射エネルギーは赤道域で大きいが，地球から宇宙に放射されるエネルギーはよりまんべんなく放射している．このため低緯度域では入射エネルギーが多く，高緯度域では逆に放射エネルギーが多くなっているというように両者は異なっている．この差は大気と海洋による低緯度域から高緯度域への熱エネルギーの移動によって補償され，大気については低緯度域の暖かい空気が高緯度域に移動している．移動する際，暖かい空気は上昇し冷たい空気は下降している．これによる水蒸気凝結と降水もある．中高緯度の低気圧に伴う降雨はこのような大きな水平循環に伴う降水である．

雲粒が大気とともに動いている場合は水蒸気と液体の水の移動は大気の移動と同じとなるが，雲は大気中の雲粒核を中心にして成長し雨粒を形成する．雨粒は落下するのでもとの大気から抜け出すことになる．このため，上昇する大気は水蒸気と水を失う．地球上には表面の 70% を占める海があるにもかかわらず，大気は水蒸気では飽和しないが，これはこのような自然の除湿作用があることが 1 つの理由である．このように，上昇気流のある場では相対湿度は高く湿潤となる一方，下降気流中の空気は水分を失っているので一般に乾燥する．

空気塊は上昇すると断熱気温減率により気温が下がる．これにより水蒸気は飽和し凝結して雲粒を，そして雨粒を形成する．しかし，そう簡単には雲粒，雨粒は形成されない．飽和水蒸気圧は通常水の表面が平面の場合で考える．もし水が球形であると，水の表面の分子は少ない水分子で囲まれていることになり，気体として逃げ出しやすくなる．このため表面が曲率をもつ場合は平衡となる水蒸気圧は上昇する．実際，水蒸気から液粒が形成されるには最初にある程度の大きさをもたなければならない．純粋に水蒸気のみが存在すると，偶然に分子が集まってある大きさとなる必要がある．半径 0.01 μm の粒が成長するためには 100% 以上の非常に大きな過飽和度が，0.1 μm でも 1% の過飽和度が必要である．しかし偶然の合体からではこのような大きさの粒を作り出す確率は非常に小さい．実際の雲粒形成では，大気中の微粒子が核となる．

素粒子物理や宇宙線の実験では「ウィルソン（Wilson）の霧箱」というものが使われた時代があった．これは過飽和状態にした箱の中を宇宙線の粒子が通過するとそこが電離しイオンができ，それを核として雲ができることを利用している．これは今でも東京上野の国立科学博物館などでみることができる．ウィルソンは雲に興味をもち，水蒸気を含んだ密閉した容器を急激に減圧することにより過飽和状態を作り出した．なお科学館によっては水ではなくアルコールを用いたり，スパークチャンバー（spark chamber）というヘリウムを詰めた容器の中で放電させたりして宇宙線の軌跡を見せている．

都市では大気中の微粒子が多く，このため雲はできやすいが降水にはなりにくい，ということが最近いわれるようになった．このことは衛星により世界の各地での大気中の微粒子の分布と降水の分布とが観測できるようになったことによっている．

コラム 10 ◆ 平均の降水量

衛星から降水を観測する際には実際に測るべき降水強度が問題となる．世界の平均降水量は年間 1000 mm 弱であり，もし一様に降っているとすると，約 0.1 mm/h の降水強度となる．実際の降り方は一様ではなく数％の時間率となっているので，降っているときの降雨強度は数 mm/h となる．

では年間の降水量はどのように決まるのだろうか．1 つの上限は，地表面に入射する太陽エネルギーがすべて水の蒸発に使われたとすれば与えられる．地表面に入る太陽エネルギーは 1 m^2 あたり平均約 340 W である．一方，水の蒸発熱は 2500 kJ/kg であることを使うと，蒸発量は年間 4 m を越える．

おおよそにせよ，もう少し精度を上げることを考えてみよう．世界の降雨の 3 分の 2 は熱帯・亜熱帯域で降っている．熱帯・亜熱帯域では積雲対流により上昇流が作られ，そこで水蒸気が凝結し降水となって地表に落ちる．上昇流はその一方で下降流を引き起こす．下降流域では大気は断熱圧縮により気温は上昇するため相対湿度は低く雲はできない．晴天域では大気は放射冷却により空気は重くなり下降する．この放射冷却による下降流がなければ上空は暖かいままで対流は起きない．このため，晴天域の放射冷却が上昇流を決めているといえる．上昇域では地表面からの水蒸気補給を受けて高い相対湿度をもった空気が上昇し，断熱冷却により水蒸気は飽和し凝結する．上昇域では水蒸気は飽和しているとすると，これから凝結量が決まり，凝結した水はすべて降水となって地表面に落ちるとすると，降水量が決まることになる．

晴天域つまり下降域の面積の割合を S_d，上昇域の面積の割合を S_u，気温減率を Γ，晴天域の単位時間あたりの放射冷却を Q_R，下降域と上昇域それぞれの平均鉛直流の速さを v_d，v_u とすると，

$$v_d S_d = v_u S_u$$

$$\Gamma v_d = Q_R$$

となる．この大気柱の上昇は水蒸気で飽和した下層大気の流入で補われているとすると，単位面積あたりに入ってくる水蒸気量 Q_w は単位体積あたりの飽和水蒸気量を ρ_w として

$$Q_w = S_u \rho_w v_u = \rho_w Q_R S_d / \Gamma$$

となる．典型的な値として，晴天域の放射冷却を 1 K/日，気温減率 Γ を 6 K/km，ρ_w を 20 g/m^3，また降水域は全体の 5%とすると，晴天域の下降流の速さは 150 m/日程度，上昇流の速さは 3 km/日となり，また平均の凝結量は 3 mm/日程度となる．これは年間 1000 mm 程度となり，実測と合う．また上昇域での凝結量は 60 mm/日となり，これは 2～3 mm/h の降水強度となる．これから衛星から降雨強度を推定する 1 つの目安が，この数 mm/h の強度となる．

降水の源はもちろん水蒸気である．この水蒸気の量について若干述べておこう．大気中の水蒸気量は，そのすべてを凝結させるとすると単位面積あたり約 3 cm になる．この量はゾンデ観測などのデータから求められているが，気温減率とその気温での飽和水蒸気量を積算することでも大雑把には見積もることができる．もし横からの移流がなく上空の水蒸気が凝結して雨になるだけなら，30 mm 降ったら雨は必ずやむことになる．

3.3.11 「TRMM」の成果

ここに述べた成果は1997年11月に打ち上げられて以来17年以上にわたり観測を続け，衛星からの降水観測について大きなブレークスルーをなしとげた「TRMM」の成果の一部である．「TRMM」の開発経緯については寺門（2015）を見られるとよい．この「TRMM」の成果についてもう少し述べる．

「TRMM」はそのユニークな観測から，衛星からの降雨観測に大きな進歩が期待されたが，それに十分に応えたといえるだろう．また所期の3年寿命が大幅に伸びたことにより，世界の降水量と降水特性について期待を大幅に上回る成果をあげ，熱帯・亜熱帯域を中心とした降水の気候値の高精度化が達成された．降水の日変化は熱帯陸上で顕著であるが，この把握にも大きな進歩が得られた．長年にわたる観測期間内にはエルニーニョも生じている．特に1997年11月の打上げ直後に非常に大きなエルニーニョが起きたが，この観測からエルニーニョに伴う降水特性の理解が進んだ．陸上の降水はマイクロ波放射計観測では精度に難があったが，レーダー観測により大きく改善された．地上観測や可視・赤外放射計による雲の活動の観測から降水の日変化が調べられてきたが，太陽非同期軌道からの観測により実態把握が大きく進んだ．降水の日変化は熱帯域ばかりでなく，チベット高原などでも夏季は顕著である．降水の時空間的分布だけでなく降水システムの全球的な特性の理解が「TRMM」により大きく進んだ．レーダーでは降水の3次元構造が得られる．特に降水強度の鉛直分布が得られたことの意義は大きい．従来から陸上と海上を比較すると陸上の方が降水強度が強いことが知られていた．また，海上の下降流のあるところでは下層大気の逆転層に頭打ちされた低い降水のあることが知られていた．これらも「TRMM」，特にレーダーによる観測からその全球的実態が明らかとなった．これらは従来の「降水の分布の全球的把握」という段階から，構造を含めた「降水システムの気候値の全球的把握」という段階に入ったことを示している．

気候モデルとの比較は大きな進歩が期待できる段階になった．モデルの開発は各国で行われており，含まれる物理過程の高度化が進んでいる．また同時に，コンピュータの性能向上により，非静力学モデルを広域で計算させることが可能となってきた．地球シミュレータによる全球の非静力学モデルによるシミュレーションも行われた．このようなシミュレーションでは降水過程についてパラメタリゼーションを行わず直接に降水過程を表現する．そのグリッドサイズも5km以下となってきた．これはモデルで現象を表現する分解能が，衛星観測の空間分解能と同程度の大きさになってきたことを意味する．従来は降水分布の比較が中心であったが，降水タイプや降水システムの最高高度などの降水システムの気候値とモデルとの詳細比較もできるようになった．

実利用についても大きな進展がみられた．データ同化による短期予報は確実な精度向上をみせた．TMIは他のSSM/Iなどとともに現業のデータ同化に用いられたが，この方面の利用向上は現在も進められている．レーダーデータの同化の試みもなされている．河川管理，水資源管理では流域降水量が必要である．また防災面ではリアルタイム性が必要である．河川管理や水資源管理の基礎は水文学であり，水文学にとっては降水量は地表水の源として第一義的に重要であるが，地表が非常に複雑であることから降水データには高い時空間分解能が要求される．「TRMM」以前は衛星による降水観測はその時空間分解能がこれらの要求に応えることができず，そのため衛星データはあまり利用されてこなかった．しかし，「TRMM」による衛星データの向上と，それを基礎として複数の衛星データから得られた降水マップから，洪水予測がなされるようになった．

「TRMM」はもともとは熱帯域の海洋と大気の相互作用を研究する「熱帯海洋─全球大気研究計画（TOGA)」の1992〜1993年の集中観測に間に合わせるべく計画されたが，様々な事情から遅れ1997年の打上げとなった．「TRMM」の寿命は設計時は3年とされていた．しかし，降雨パッケージである降雨レーダー，マイクロ波放射計，可視・赤外放射計は十分な性能を保持し，さらに雷センサーも稼働していたため，観測は3年を越えて継続された．「TRMM」の軌道高度は350kmと衛星としては例外的に低い．これはレーダーの感度が目標物との距離が長くなると低下するが，それを避けるためである．軌道が低いとわずかに存在する地球大気による抵抗により軌道が低くなり，軌道保持のための燃料により寿命が決まってしまう．寿命を延長させるために，2001年には軌道が400kmまで上げられた．また，スペースシャトルのチャレンジャーの事故などから落下衛星への懸念が広がり，「TRMM」も燃料があるうちに制御を行って落下させよう，という話が出た．これに対しては，落下物による被害確率や観測延長による利益などが慎重に検討され，結局観測延長が決まり，2015年まで運用された．アメリカNASAはこれまでにも稼働可能な衛星の運用停止をいくつも行ってきているが，これは，他の衛星が上がり，観測の代替が可能であったことが大きな要因としてある.「TRMM」はそのユニークな観測から代替がないことも延命の大きな要因であった.

「TRMM」の観測は17年を超えた. もし3年, あるいは5年程度で観測が停止されていたとすると, せいぜいセンサー性能の確認, 個々の降水システムの観測, 2回程度のエルニーニョサイクルを観測したにとどまっていたと考えられる (Kummerow et al., 2000). 17年の観測により, 熱帯域を中心とした降水の年々変動の研究などに大きな寄与をなすことができた.

◇◇◆ 3.4　レーダーとは何か ◆◇◇

3.4.1　概　要

降雨レーダーは原理的には電波を放射して, 降水粒子で散乱された電波を受けるだけであるが, そこでは使用周波数, 感度, 距離分解能, 走査幅など, 検討される項目が多数あり, また互いに関係している. 衛星搭載の場合にはさらに, サイズや質量の厳しい制限のもと, 常に動いているプラットフォームからの観測という条件で仕様が決定される. また降水が多数の粒子からなっているという降雨レーダーとしての特殊性もある. なお本節は技術的でまた専門的なところが多くなる. 詳しくは, 衛星による電波リモートセンシングについては岡本ほか (1999) が, 大気観測レーダーについては深尾・浜津 (2009) などの専門書がある.

3.4.2　レーダーの特徴

レーダーは電波をみずから発射し目標物からの散乱波を受信する装置であり, 能動型のリモートセンサーに分類される. このようなリモートセンシング測器としてはほかには光領域で使われるライダーがある. 能動型センサーはみずから電波あるいは光を放射するが, 大気を目標とした場合は散乱波は通常弱く, 目標までの距離が長いと電波あるいは光が弱くなるため, 大電力で送信する必要がある. このため必要とする電力も大きい. また多くの周波数を利用することは困難であり,「TRMM」降雨レーダーは1つの周波数, 2014年に打ち上げられた全球降水観測計画 (GPM) の主衛星のレーダーは2つの周波数のみを使っている. 地上の気象レーダーは, テレビの天気予報での雨の分布にも使われており, おなじみのものである. アンテナをほぼ水平に振って遠くを見通すために，通常は少し高い山の上に設置され，探知距離は数百 km である．周波数帯は 5 GHz 波（電波波長 5 cm）が主であるが，近年の電波周波数需要の逼迫とより詳細な雨の分布の必要性が高まったことから，10 GHz（電波波長 3 cm）のレーダーが増えている．低軌道の地球観測衛星の高度は数百 km なので，衛星からのレーダー観測は十分に可能と考えられるであろう．しかしながら，衛星からのレーダー観測では見る方向が鉛直に近い下方であること，衛星は常に移動していることなどの観測の特異性がある．また質量，サイズ，消費電力の厳しい制限がある．部品の信頼性の確保も重要である．

レーダー特有の距離測定能力は，変調された電波の発射時刻と目標物に散乱され戻ってきた電波の受信された時刻との差から得られる．レーダーの最も普通の変調方式はパルス変調方式と呼ばれる．この方式ではごく短い時間送信し，その後，そのパルス状の電波が目標物に当たり，散乱された電波を受ける方式である．例えば送信された電波が 2 ms 後に戻ってきて受信されたとすると，電波の速度は 3×10^8 m/s なので往復の距離は 600 km となる．これから目標物までの距離は 300 km となる．

パルスはごく短いとはいえある時間長 τ をもっている．送信アンテナからパルス波が発射され目標に当たって返ってきた受信波を，送信パルスの立ち上がりから時間 T 後に測定したとする．この時測定される電力は距離 $cT/2$ から $c(\mathrm{T}-\tau)/2$ までの間にある目標物の散乱による．この距離の間のどこにあるのかは測定できない．受信機の時間分解能が十分にある場合には，τ で決まる間隔が距離分解能となる．

3.4.3 レーダーの受信電力

レーダーの感度は，送信電力，アンテナの大きさ，受信機の性能，目標物の電波散乱特性などに依存する．レーダーの受信する電力を求める式はレーダー方程式と呼ばれる．レーダー方程式には，内容は同等であるもののパラメータの取り方などによりいくつもの形式がある．ここでは送受のアンテナが同一であるレーダーについて述べる．

レーダー電波の反射能率（後方散乱断面積と呼ばれ面積の単位をもつ）σ をもち，距離 r にある目標物により散乱された電波の受信電力 P_{r} は

$$P_{\mathrm{r}}=L^2\frac{P_{\mathrm{t}}GA_{\mathrm{e}}}{16\pi^2r^4}\sigma$$

と表される．ここで L は電波の伝搬路での片道減衰量，P_t は送信電力である．G はアンテナ利得と呼ばれる量で，ビーム中心の方向の電波強度の仮想的にアンテナから電波がすべての方向に一様に放射された場合に対する比率である．これが大きいほど指向性が強く，狭いところに電波を集中させることができる．A_e はアンテナの実効開口面積である．受信電力が送信電力や目標物の電波反射の能率に比例することは理解されよう．アンテナの実効開口面積に比例することは，散乱された電波をアンテナで集めることを思えばこれも理解されよう．距離の4乗に逆比例するのは，送信電波が目標物に届くまでに距離の2乗で弱くなること，また目標物で散乱された電波がレーダーアンテナに届くまでに再度距離の2乗で弱くなるためである．受信電力は距離の4乗で小さくなるので，飛行機の検出などでは距離が遠くなると検出能力は急激に落ちることになる．

上記のレーダー方程式は，レーダーから放射された電波の目標物の位置での電力密度，目標物の電波散乱強度，そして散乱された電波をレーダーが受信する強度，の3つの部分に分けると理解できる（図3.19）．

まずレーダーから送信され目標物のところでの電波の電力強度 S_1 は

$$S_1 = \frac{LP_t G}{4\pi r^2}$$

となる．アンテナから放射された電波は距離の2乗で広がるが，アンテナ利得の分だけ強化される．アンテナ利得はアンテナの開口面積に関係しており，一般に開口面積が大きいほどアンテナ利得は大きい．口径 D のアンテナのビーム幅（通常は電力が半分になる幅をとって半値幅と呼ぶ）を θ（ラジアン）とすれば，ビームは細いとするとおおよそ

$$\theta = \frac{\lambda}{D}$$

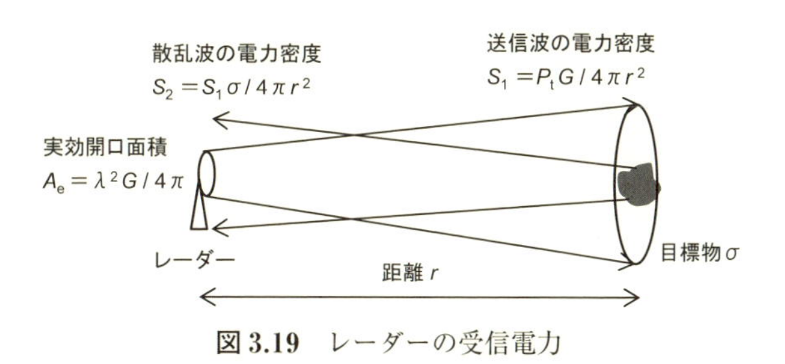

図 3.19 レーダーの受信電力

となる．ビームの幅として十分に電力を含むようにするために，半値幅の 2 倍 θ_n をとろう．すると

$$\theta_n/2=\frac{\lambda}{D}$$

となる．これはビーム中心から $\theta_n/2$ だけ角度がずれると，アンテナの中心と端から送信された電波の位相が電波波長 λ の半分だけずれて打ち消し合い，その方向での電波強度が小さくなることを示している．球の立体角 4π に対して，アンテナビームの立体角 Φ は

$$\Phi=\pi\left(\frac{\theta_n}{2}\right)^2=\frac{\pi\lambda^2}{D^2}$$

となるから，一様な場合の立体角 4π との比として，アンテナ利得 G はおおよそ

$$G\approx\frac{4\pi}{\Phi}=4\frac{D^2}{\lambda^2}$$

となる．ここで，アンテナを円形としてその面積 $A=\pi D^2/4$ を使えば，

$$G\approx\frac{16A}{\pi\lambda^2}$$

となる．パラボラアンテナのような開口アンテナでは実効開口面積が使われる．実効開口面積 A_e は，理想的なアンテナについて成り立つアンテナのビーム中心での利得と開口面積 A との関係

$$G=\frac{4\pi A}{\lambda^2}$$

を使って，アンテナ利得 G から

$$A_e=\frac{G\lambda^2}{4\pi}$$

と定義した面積である．これを使えば

$$A_e\approx\frac{4}{\pi^2}A$$

となり実効開口面積は実面積の半分程度となる．実際のアンテナでもだいたいこの程度となっている．

次に散乱体の散乱強度は，誘電率等の電気的性質と形状で決まる．散乱断面積はある粒子が平行入射電波を散乱させたとき，入射波に正対するある面積で受けるエネルギー量が散乱電波のエネルギー量に一致するような面積である．

レーダーでは特に後方散乱断面積が使われる．これは微分散乱断面積というべき量であり，いささか理解しにくい量である．ある方向に散乱する電波の強さが，仮想的に等方的であったとした場合に期待される散乱断面積である．この定義からもわるように，散乱方向は必ずしも後方でなくてもよく，どのような方向に対しても微分散乱断面積が定義できる．

レーダーまで戻ってきた散乱波の単位面積あたりの強度 S_2 は

$$S_2 = \frac{LS_1\sigma}{4\pi r^2}$$

となる．受信アンテナの実効開口面積を A_e とすれば，受信される電力 P_r は

$$P_r = S_2 A_e = \frac{S_2 G\lambda^2}{4\pi}$$

となる．

これらの送信，散乱，受信の過程を合わせると，レーダーの受信する電力 P_r は送信電力 P_t，アンテナの性能 G，A_e，そして目標物の散乱特性 σ 等で決まり，

$$P_r = L^2 \frac{P_t G A_e}{16\pi^2 r^4}\sigma = L^2 \frac{P_t G^2 \lambda^2}{64\pi^3 r^4}\sigma$$

と表される．

以上は目標物が1つの場合であったが，雨のように多数の散乱体が広く分布している場合には事情が異なり，受信電力は距離の2乗で弱くなる．これは雨の場合は散乱体は1つではなく多数の降水粒子であるので，距離が長くなるとレーダー電波の照射面積が広がり，より多くの降水粒子が電波の散乱に寄与するためである．このときはレーダービームの照射面積（$4\pi r^2/G$）とレーダーの視線方向の距離分解能 h で区切られる体積 $4\pi r^2 h/G$ の中の平均の単位体積あたりの後方散乱断面積を使って

$$P_r = L^2 \frac{P_t h A_e}{4\pi r^2} \sum_{\text{単位体積}} \sigma_i = L^2 \frac{P_t G h \lambda^2}{16\pi^2 r^2} \sum_{\text{単位体積}} \sigma_i$$

となる．上式の中央の項をみるとわかるように，アンテナの実効開口面積が一定ならば使用する電波の周波数は降雨減衰量 L と散乱断面積 $\sum_{\text{単位体積}} \sigma_i$ を通じてのみ影響を与えている．しかしレーダーのビームの広がりは周波数に依存しているので，レーダーの空間分解能には影響している．

3.4.4 散乱断面積

降水粒子の大きさは数 mm である一方，マイクロ波電波の波長は数 cm であり，電波波長が降水粒子の大きさよりもずっと大きい．このような場合には，降水粒子は時間的に変動する一様な電場の中にあると考えることができる．この種の電波の散乱はレイリー(Rayleigh) 散乱と呼ばれ，散乱断面積は粒子の大きさの 6 乗に比例する．球形粒子の場合は直径を D_{p} として

$$\sigma = K\frac{\pi^5}{\lambda^4}D_{\mathrm{p}}^6$$

と書ける．ここで K は散乱体の誘電率に関係する量であり，マイクロ波帯では雨滴についてはほぼ 1 である．レイリー散乱の場合は，散乱体は 1 つの電気双極子とみることができる．電波の散乱はこの電気双極子が入射する電波により振られ電波を放射するとして理解される．散乱波の振幅は電気双極子の大きさに比例し，電気双極子の大きさは体積に比例する．また散乱電波の強度は振幅の 2 乗に比例するので結局粒子の大きさの 6 乗に比例することになる．また散乱波の振幅は電気双極子の時間変化（加速度）に比例するが，これは波長 λ の 2 乗に逆比例するので散乱強度は波長の 4 乗に逆比例する．なお電波波長が散乱体の大きさよりずっと小さい場合には幾何光学的になり，雨滴のように誘電率の大きい物質については，後方散乱断面積はほぼ幾何学的断面積 $A_{\mathrm{p}}(=\pi D_{\mathrm{p}}^2/4)$ となる．これを使えば

$$\sigma = 4KA_{\mathrm{p}}\left(\frac{\pi D_{\mathrm{p}}}{\lambda}\right)^4$$

となる．これからレイリー散乱の場合の後方散乱断面積は，幾何学的断面積よりもずっと小さいことがわかる．電波では波長より小さい物体はかすかにしか見ることができないことになる．

上から，個々の粒子の後方散乱断面積を σ_i，直径を $D_{\mathrm{p}i}$ として，$\sum_{\text{単位体積}}\sigma_i$ は

$$\sum_{\text{単位体積}}\sigma_i = K\frac{\pi^5}{\lambda^4}\sum_{\text{単位体積}}D_{\mathrm{p}i}^6$$

となる．レーダー気象学の分野では $\sum_{\text{単位体積}}D_{\mathrm{p}i}^6$ は粒径を mm の単位で測り，単位体積を $1\,\mathrm{m}^3$ にとってレーダー反射因子あるいは Z 因子と呼び，レーダーにより直接測られる量として用いられる．降雨強度 R [mm/h] とレーダー反射因子 Z [$\mathrm{mm}^6/\mathrm{m}^3$] は雨滴の粒径分布に依存しており比例関係にはない．経験的にべき乗の関係を当てはめてパラメータを α，β として

$$Z=\alpha R^{\beta}$$

とすることがよく行われる．これはZ-R関係と呼ばれ，簡単でよく使われる式として$Z=200R^{1.6}$がある．

3.4.5　降雨減衰

電波は雨の中を透過することはよく知られているが，マイクロ波帯の電波は降雨中では減衰する．これは豪雨の中ではBS放送を受けているテレビの画面が乱れることでもわかる．単位距離あたりの降雨減衰量（降雨減衰係数）は電波の波長で変化する．降雨レーダーでは波長10 cm以上では実際上無視できるが，波長5 cmでは強い降雨のときは遠距離にある降雨エコーが弱まってみえる．波長3 cmではかなり顕著に降雨減衰による降雨エコー強度の低下がみられる．地上の気象レーダーではビームを水平近くにして観測するので，降雨中の電波伝搬路が長く，総降雨減衰量が大きくなる．これに対して，衛星搭載レーダーは降雨を鉛直に近い方向で観測するので，降水域内の伝搬路長は比較的短い．さらに，氷晶や乾雪では雨滴に比べて減衰係数が小さいため，降雨域のみを考えればよい．降雨域の厚さは熱帯域では5 km程度であり，寒冷なところでは薄くなる．

降雨減衰には，雨滴による散乱と，雨滴内部で入射波の電力が熱となることによる減衰とがある．レイリー散乱では，前者は雨滴の大きさの6乗に比例するが，後者は雨滴の内部での熱発生によるため体積に比例する．また波長に対しては前者は4乗で反比例するが，後者は雨滴の誘電率の変化もありほぼ波長の2乗に反比例する．

このように吸収と散乱では雨滴の体積と電波波長への依存性は異なる．このため，例えば1 mmの雨滴に対しては波長5 cmでは吸収による減衰が主となるが，波長1 cm以下（30 GHz以上）では散乱による減衰も大きくなる．減衰には，大気成分の水蒸気や酸素，また雲や霧による部分もあるが，これらは30 GHz以下ではほぼ無視できる．

コラム11 ◆ デシベル

電子機器の電力は，ダイナミックレンジが大きいためデシベルで表示されることが多い．デシベルは dB と標記する．ベル（Bell）は測定量の基準量に対する比の常用対数であり，デシ（deci）は 10 分の 1 を示す接頭語である．基準量は明示しなくてもわかる場合には明示されない．例えば騒音では単にデシベルと呼んでおり，基準としては耳に聞こえる最小の音圧（$2\times10^{-5}\,\mathrm{N/m^2}$）のエネルギーがとられている．デシベル表示では

$$騒音\,[\mathrm{dB}]=20\times\log\left(\frac{騒音の音圧}{基準音圧}\right)$$

となる．ここで 10 倍ではなく 20 倍されているのは，音の強度は音圧の 2 乗に比例しているためである．例えば 80 dB の騒音というと音圧では耳に聞こえる最小の音圧の 1 万倍の音圧となる．電波工学では dBm（通常ディービーエムと読む）という単位がよく現れるが，これは 1 mW を基準量としたときのデシベル値のことである．たとえば 60 dBm といえば 1 kW のことになる．

気象レーダーの分野ではレーダー反射因子 Z をデシベル表示して dBZ という単位で示す．$Z=200R^{1.6}$ を使えば 1 mm/h の降雨強度は約 23 dBZ（$=10\log 200$），10 mm/h の降雨強度は約 39 dBZ となる．

デシベルはまた量の常用対数であるので，指数関数的に変化する量の変化の大きさを示すためにも使われる．降雨減衰係数は通常 dB/km の単位で表されるが，これは電波の強度が 1 km で減衰する割合を示す．例えば 1 dB/km の降雨減衰係数といえば電波の強度が 1 km で $10^{-0.1}\approx0.79$ で 80% 程度になってしまうことを意味する．

3.4.6 レーダー受信機の帯域と雑音レベル

アンテナで受信された電力が検出できるかどうかは雑音レベルによる．雑音としては観測目標物の周辺から入ってくる自然雑音や人工の干渉波，また受信機内部で発生する雑音がある．自然雑音としては，アンテナの向いている方向にある地表からの熱放射などがある．この雑音は通常陸からのものが海からのものよりも強く，無降雨時のレーダーエコーにはその差が現れるが，大きな問題とはならない．人工の干渉波はときに問題となるが，使用電波帯は国際的な周波数割り当てにより確保され保護されているので，これも通常は問題とはな

らない．雑音レベルを決定するものは，主に受信機内部で発生する雑音で，これは受信機の性能そのものである．受信機内部で複数の増幅器が直列につながっている場合には，初段の雑音が受信機全体の雑音性能をほぼ決定する．これは初段の雑音がどんどん増幅されていくためである．このため初段の増幅器には，BS 放送の受信機で使われる高電子移動度トランジスタ（High Electron Mobility Transister：HEMT）など特に雑音の低い素子が用いられ，低雑音増幅器（Low Noise Amplifier：LNA）と呼ばれる．

受信機の雑音性能を測る指標として雑音温度や雑音指数が用いられる．受信機で生じる雑音 P_{n} を熱雑音と同様に捉えて，等価な温度 T_{n} を

$$P_{\mathrm{n}} = kBT_{\mathrm{n}}$$

から決める．これを雑音温度という．この雑音温度は，考えている周波数帯に同じエネルギーを放射する黒体の温度にあたる．ここで k はボルツマン定数（1.38×10^{-23} J/K）である．ここには受信帯域 B が比例係数として出てくるが，これは周波数帯域を広げればそこに入ってくるエネルギーが増えるためである．実際，雑音信号をオシロスコープで見ると，帯域を広げると雑音レベルの上昇がみられるが，例えば 0 を中心に帯域を絞ると，時間軸上で移動平均をかけることになり，雑音信号は滑らかになり，かつその振幅は小さくなる．

このことから，帯域を絞れば雑音が減って感度が上がると思うかもしれない．それはその通りなのであるが，帯域を絞ると信号の時間変化は小さくなり受信信号強度の変化は小さくなってしまう．これは距離分解能が劣化することを意味する．十分に短いパルス波を送信したとしても，受信機の時間分解能がパルスの立ち上がりに追いつかなくなるのである．帯域と受信電力変動の時間分解能 Δt とは，フーリエ変換の関係から $\Delta t \approx 1/B$ と結ばれている．時間分解能と距離分解能 h とは，$h = c\Delta t/2$ と結ばれているので，結局 $B \approx c/2h$ となる．レーダーの距離分解能は観測目的によるが，降水現象の空間変化を捉えるためには水平は数 km 以下，鉛直方向は数百 m 以下が望まれる．これから例えば 150 m の距離分解能を得るためには，1 MHz 程度の帯域が必要となる．レーダーの距離分解能は 3.4.2 節で述べたように送信パルスの幅で制限されるが，受信機の帯域でも制限されるわけである．このため通常受信機は，パルス幅から必要とされる帯域幅と同等かそれ以上の帯域幅をもつように設計される．

受信機本体から生じる雑音により信号対雑音比（Signal to Noise ratio：S/N 比）が劣化する．この劣化度は受信機の入力側の S/N 比（SN_{in}）と，受信機内

部で発生する雑音が加わって劣化した出力側のS/N比（SN_{out}）との比

$$N_{\mathrm{f}}=\frac{SN_{\mathrm{in}}}{SN_{\mathrm{out}}}$$

で表して雑音指数N_{f}と呼ぶ．雑音指数が大きいことは，受信機を通すとS/N比が大きく劣化することを意味する．なお，入力のS/N比がわからないと雑音指数は決まらない．実際に用いる場合は入力の雑音はkBT_0（$T_0\approx 290\,\mathrm{K}$）とするので混乱はないが，わかりやすいとはいいがたく，雑音温度の方がわかりやすい．しかし受信機の総合性能を見るためには雑音指数はよく使われる．例えば$N_{\mathrm{f}}=5\,\mathrm{dB}$とすると，雑音の等価温度は1000 K程度となる．

雑音としてはアンテナ導波管での損失，受信機内部の雑音などとともに外来雑音もある．外来雑音としては，上を向けたアンテナでは宇宙雑音が主となる．これはVHF帯（30～300 MHz）で顕著となる．VHF帯よりも高い周波数では，大気からの放射雑音なども入ってくる．宇宙から地球を見た場合には，地表面からの雑音や大気からの雑音が入ってくるが，マイクロ波放射計ではこの雑音を積極的に受信して情報を得ているといえる．

地上の気象レーダーでは送信出力は数百kW（80 dBm）のレベル，衛星搭載レーダーでは1 kW（60 dBm）以下であるのに対し，受信電力は−100 dBmレベルと実に10^{16}以上の開きがある．このような大きな差異も現代の電子通信技術では操作し，また処理することができる．しかしなぜこのように大きな差異のある量を操作することができるのだろうか．1つの答えは，人工的に帯域を非常に狭くすることができている，ということであろう．送信側ではごく狭い帯域の中に大きなエネルギーを押し込むことができる．例えば1 MHzの帯域の中に1 kWの電力を入れると，それは$1\,\mathrm{kW}=kBT$からTは$10^{19}\,\mathrm{K}$もの温度となる．一方，狭い帯域の電波で見たときには自然界は非常に暗い．人工的に出す電波の周波数帯が非常に狭く，それを受信機がごく狭いバンド幅で受け取る，ということである．いわば真っ暗な中で一瞬まばゆいフラッシュライトが照ると周りが見える，というわけである．こうすると，世にたくさんあるマイクロ波の通信回線のアンテナでも，真っ暗な中で片方から強力なサーチライトのように光がでて，それが広がりながらも相手方のアンテナを照らしている様子が想像できるようになる．そして，送信電力と受信電力の差異もビームの広がりから想像でき，またレーダーでは周りが真っ暗であることから，ビームの照射するごく小さい部分でも検出できることが感じられてこよう．実際には真っ暗な宇宙も約3Kの背景放射の輝度温度をもっている．また太陽は約6000Kの輝度温度をもっているので，太陽の方向にアンテナを向ければ6000K相当の大きな雑音が入ってくる．しかし，電波は大気中での散乱吸収は小さいため，アンテナを太陽からそらせば，6000Kよりもはるかに低い輝度温度の雑音しか入ってこない．この点は，可視光では大気散乱が大きく，昼間は大気のどこを向いても雑音が大きいこととは異なっている．

衛星搭載レーダーでは500W程度の送信電力で瞬間的に地表を照らしている．500Wとはいえ電波となった電力が500Wなので，普通の電球では光となる効率は10%程度として電球換算で5kWとなる．その光で数百km離れた地表を照らしてその反射を見ている，しかも地表面だけでなくその上にある降水によるはるかに弱い散乱を見ていると思えば，その感度の良さが少し実感できよう．

3.4.7　降雨強度とレーダー反射因子

降雨レーダーでは，降水によるレーダー電波の反射強度から降雨強度を推定することが基本である．定性的にはレーダーで強く見えるところでは強い降雨となっているが，この関係は降水によりかなり変化する．霧雨のような場合には雨滴が小さく，降雨強度に対してレーダー反射因子は小さくなる．

降水粒子の散乱断面積は，高い周波数では複雑な特性を示すが，低い周波数帯では散乱はレイリー散乱となり粒子の大きさの6乗に比例する．降雨強度への寄与は，雨滴の場合ならば粒子の体積と落下速度で決まり，以下に述べるように，大きさのほぼ3.5乗となる．散乱断面積はほぼ6乗に比例するので，同じ降雨強度の場合でも大きな雨滴が比較的多い場合にはレーダーでは強く見える．熱帯の降水システムはよく層状性と対流性の降水とに大別される．前者は水平に広がった比較的穏やかな降水であり，後者は背の高い降雨強度の大きい降水である．地上でのデータからは，層状性の降雨の方がレーダー反射因子が大きい，つまり雨滴粒径分布でいうと大きな粒子が多い，という結果が得られている．このため，同じ降雨強度では，対流性降雨は層状性降雨よりもレーダー反射因子は小さくなる．なお，対流性降雨の方が小さい雨滴が多いということは，普通の感覚とは逆になっているが，これは降雨強度が同じならば，という条件のもとにあるためである．対流性の降雨では降雨強度が大きいので，実際には大きな粒径の降水粒子が多くなっている．

降雨強度 R は雨滴粒径を D_p，粒径分布を $N(D_p)$，粒子の体積を $V(D_p)$，落下速度を $U(D_p)$ として，

$$R=\int N(D_p)\,V(D_p)\,U(D_p)\,dD_p$$

と表される．

降雨強度はフラックスであるので，上の式が示すように雨滴の落下速度は降雨強度を決めるうえで必要である．雨滴のようにほぼ球形で密度の一定な場合には，落下速度は粒子の大きさと関係づけられる．雨滴の落下速度は重力と空気抵抗とがバランスした状態で決まるが，落下速度が小さいとき，言い換えるとレイノルズ（Reynolds）数が小さいときは，粘性項が主要項となり，抵抗は速度に比例する．実際，流れの中にある静止した固体球の抵抗 F は，流れの速度を U，流体の粘性率を μ として

$$F=3\pi\mu D_p U$$

と，ストークスの抵抗法則と呼ばれる関係になる．落下速度が大きくレイノルズ数が大きいときには慣性項が大きくなり，抵抗は速度の 2 乗に比例するようになり，次元解析から

$$F=C\frac{\rho U^2}{2}S$$

と表される．ここで C は比例係数，ρ は流体の密度，S は固体球の断面積である．これはニュートンの抵抗法則と呼ばれる．

実際の雨滴では直径 1 mm 以上ではニュートン則がほぼ成り立つ．この場合，抵抗は重力と釣り合い，重力は体積に比例するので $U^2D_p^2 \propto D_p^3$ となる．これから $U \propto D_p^{1/2}$ となる．上空では大気の密度が下がるため落下速度 U は大きくなる．ニュートン則からは密度の平方根に逆比例（−0.5 乗）して速くなるといえるが，実験的には −0.4 乗程度である．雨滴が十分に小さいときはストークス則となり，$D_p^3 \propto D_pU$ から $U \propto D_p^2$ となる．

雨滴の落下速度は 0.5 mm，1 mm，2 mm，5 mm でそれぞれ 2 m/s，4 m/s，7 m/s，10 m/s 程度である．実際に雨が降っているときに上を見上げて粒子の落下を見ると，雨滴の大きさが 1 mm 程度であることと，それが数 m/s 以上の速度で落下していることが実感できる．

降雨強度は個々の雨滴の寄与を粒径分布で積分したものである．雨滴の粒径分布 $N(D_p)$ はモデルはあるが不確定要素が大きく実際の観測から決めなければ

ばならない．基本的には小さい粒子が多く，大きな粒子は少ないので大雑把に指数分布をあてはめて，

$$N(D_p)\,dD_p = N_0 e^{-\lambda D_p}\,dD_p$$

とすることがよく行われる．パラメータは分布の傾き λ と総雨滴数に関係した量 N_0 の2つとなるが，N_0 は一定とすることが多く，このときはパラメータの数は1つとなる．地上での実測では小さい粒子のところでピークをもつことが多く，指数分布を少し変形したガンマ分布をあてはめて $N(D_p) = N_0 D_p^{\mu} \exp(-\lambda D_p)$ が使われることもある．この場合はパラメータの数は3つとなる．さらに，直径が5 mm以上の雨滴は分裂しやすいため個数が少なくなる．このため直径の最大値をパラメータの1つにすることもある．

雨滴の体積は $\propto D_p^3$，落下速度は $\propto D_p^{1/2}$ なので，指数関数型の分布を使うと降雨強度 R は

$$R \propto \int N(D_p)\,D_p^{7/2}\,dD_p \propto \frac{N_0}{\lambda^{4.5}}$$

となる．またレーダー反射因子 Z は

$$Z \propto \int N(D_p)\,D_p^{6}\,dD_p \propto \frac{N_0}{\lambda^{7}}$$

となる．N_0 を一定と仮定するとこれからZ-R関係は

$$Z \propto R^{7/4.5} \approx R^{1.55}$$

となり，レーダー反射因子と降雨強度とはべき乗の関係になる．

観測からこのZ-R関係を求めることは古くから行われている．雨滴の粒径分布を画像を撮るなどして直接に測定する方法，レーダーで反射因子を測定すると同時にその観測域で降雨強度を測定する方法などによっている．よく使われる関係としては前出の

$$Z = 200R^{1.6}$$

があり，べき乗の関係となっているが，上の導出はこの形の1つの根拠を与えている．

実際の降雨では雨滴粒径分布に大きな変動があり，これが主要因でレーダー推定降雨強度に大きな誤差が生じる．しかし，それ以外でも様々な誤差が生じる．そのいくつかを下に記す．

(1) 降雨減衰

降雨減衰があるとレーダー反射因子が過小評価される．強い降雨時，または

高い周波数を使う場合には，降雨減衰は顕著となり大きな誤差となりうる．降雨減衰補正を行っても補正の精度が問題となる．

(2) ビーム充満率の影響

降水がレーダーの観測体積の中で非一様であると誤差が生じる．これはZ-R関係が非線型であり，$R(\overline{Z}) \neq \overline{R(Z)}$ であることによる．ここで文字の上の—は平均を表す．$Z=200R^{1.6}$ を使う場合は，レーダー反射因子への強い降雨の部分の寄与が大きいために $R(\overline{Z}) \geq \overline{R(Z)}$ となり，レーダー反射因子から推定した降雨強度は過大推定となる．

(3) ミー散乱の影響

電波の波長が散乱体の大きさに近づくと，散乱体が一様な電場の中にあるとはみなすことができなくなるため，散乱特性はレイリー散乱からずれてくる．これはミー(Mie) 散乱と呼ばれ，散乱特性は複雑となるが，散乱体が球形の場合には理論的に求められている．雨滴については，レイリー散乱からのずれは雨滴が小さいときは若干増加するが，雨滴がより大きくなるとレイリー散乱の場合ほどには増大せず大きく下回るようになる．気象レーダーで雲や霧の観測で使用される35 GHz帯では，気温にもよるが，雨滴の大きさが2 mm，3 mm，4 mm でレイリー散乱の場合の150%，50%，10%以下，となる．このようにこの差は30 GHz 以上の電波を用いるときに顕著となる．

(4) 上昇下降流の影響

レーダーでは静止大気中での粒子の落下速度を仮定して降雨強度を推定するので，上昇下降流があると誤差となる．例えば非常に強い上昇流の中では落下が抑えられ，レーダーで降水が観測されても実際の降水強度は弱いものとなる．

(5) 観測範囲外の不確定性

衛星からのレーダー観測では地表面エコーがあるために，地表面付近の降雨は観測できない．このためその直上の降雨強度から外挿することが行われる．この外挿に不確定性がある．

(6) 多重散乱の影響

レーダー電波の散乱は1回のみとは限らず，複数回散乱してからレーダーに戻ることもある．30 GHz 以上ではこの影響が現れる．

3.4.8 降雪の観測

ここまでは主に雨のレーダー観測について述べてきた．雨滴の大きなものは若干偏平となるがほぼ球形であり，また誘電率も，温度により若干変わるもののほぼ一定と考えてよい．しかし，降水には雪，霰などの固体降水がある．雪粒子は形が複雑であり，密度も様々である．また湿った雪粒子は氷と空気と水の混合物であり，さらに複雑となる．このため誘電率も変化し，形状による散乱も複雑である．さらにはぼたん雪のように大きな粒子もある．これらから雪粒子の電波散乱断面積は大きな不確定性がある．このためレーダー観測からの固体粒子を含んだ降水の強度推定の精度は不十分であり，現在の大きな課題の1つとなっている．

3.4.9　レーダー信号の変動

降雨レーダーでは，目標域をある程度以上の時間観測する必要がある．この時間がレーダーの走査速度を制限する1つの要因となる．雨のような多数の動く物体からの電波の散乱波を受信すると，その受信電力は変動する．これは多数の物体からの散乱波が干渉して，強め合ったり弱め合ったりするためである．粒子相互の間隔が一定ならば干渉は一定であるが，粒子が動いている場合には相互の間隔が変化するために，干渉の度合いが変化して信号強度が変動する．この変動の時間スケールは，粒子相互の間隔が電波波長λ程度変化する時間となる．粒子のレーダーの視線方向の速さの広がりをδvとすると，この時間tは$\lambda/\delta v$となる．地上の気象レーダーの実際的な値から，δvとして3 m/sを，λとして3 cmをとると時間スケール（これは相関時間といってもよい）は10 msとなる．この時間スケールのなかでは，信号はあまり変化しないと考えられる．ところが衛星搭載レーダーの場合には，衛星が高速で動いていることから，後述（3.4.11項）するように，レーダービームの進行方向の端と逆の端とでは数十m/sの視線方向の速度差が生じるので，信号強度の相関時間ははるかに短く1 ms以下となる．このようなところにも衛星搭載型と地上設置型との差異が現れる．なお，降雨減衰には雨滴の動きによる変動は現れない．これは減衰は入射電波の進行方向への粒子の散乱波によるが，この散乱波は入射電波により位相が揃ってしまうためである．

降水に相関をもつ量は，変動する受信信号強度の平均値である．信号が独立ならば，n個の信号の平均をとれば分散は平均をとる前の分散Vの$1/n$となる．個々のレーダー受信電力は多数の降水粒子からの散乱が重なったものであるので，複素振幅は2次元の正規分布に従い，その強度の分布は指数分布となる．

指数分布では分散は平均値の2乗である．独立サンプルの数が例えば100個ならば分散は1/100，標準偏差では1/10となるのでほぼ1割の誤差となる．

レーダーでは，最小受信感度から最大受信感度までの幅（ダイナミックレンジ）が80 dB（1億倍）以上と広いため，通常対数増幅器が用いられる．そして多くのレーダーでは，レーダー信号の平均化も対数増幅された信号をそのまま平均している．この時は信号強度の対数の分散が必要となるが，これは指数分布に対しては理論的に計算ができて，約31(dB)^2，標準偏差にすると5.6 dBとなる．実際のレーダーでは，信号の変動は10%程度には抑えたい．これは0.5 dB程度となり，必要な独立サンプルの数は100を超える．

レーダー信号が変動することは，対数増幅器を使う場合には真の平均と対数平均との差を引き起こす．言い換えると，算術平均と幾何平均の差が問題となる．真値平均に比べて対数平均では大きな値の重みが小さくなってしまうので対数平均をとってから真値に直すと過小評価となる．求めたい物理量は真の平均値であるので，対数平均値を補正する必要がある．この過小評価量は，個々の受信電力の変動が指数分布をなすと仮定することにより約2.5 dBと計算される．なお最近のレーダーではディジタル技術の発展により多数桁のA/Dが可能となり，対数増幅器を不要とする方向にある．

受信電力の変動について，同じようにマイクロ波電波を使うマイクロ波放射計について述べておこう．レーダーでは受信電力が変動するため平均化が必要であったが，放射計でも雑音電力は変動するため平均化が必要である．このため放射計でも，目標域をある時間Δt観測している必要がある．放射計の受信帯域をBとすると振幅の包絡線の変動の時間スケールは$1/B$となり，観測時間内で$1/B$毎に独立な強度になるといってよい．これから独立サンプルの数は$\Delta t/(1/B)=B\Delta t$となるので，受信信号の平均の変動は輝度温度Tに対して$\mathrm{T}/\sqrt{B\Delta t}$となる．衛星搭載のマイクロ波放射計では，測定する輝度温度はほぼ物理的温度で数百Kであり，実際に必要な精度は1K以下である．これから独立サンプル数（BΔt）は10万個程度が必要となる．一方，受信機の帯域Bは数百MHzであるので，1ヶ所を観測する時間Δtは1 ms程度は必要となる．放射計が広い範囲を観測すると1ヶ所の観測する時間は限られるため，Δtがマイクロ波放射計の観測幅を決める1つの要素となる．逆に観測幅とピクセルサイズを決めると1ピクセルあたりの観測時間が決まり，それから必要な受信帯域幅が決まるといってもよい．マイクロ波放射計では，個々のチャンネルでは距離分解能はないので，レーダーとは異なり距離分解能からくる帯域の制限はない．しかし広帯域にすると，技術的な困難が増すと同時に人工の電波の干渉を受けやすくなるという面がある．

3.4.10 繰り返し周波数

地上の気象レーダーの場合は，必要時間分解能や空間分解能にもよるが，同じ降水システムを何度も観測し，また距離毎のデータをいくつか平均するなどで，1ヶ所の観測時間の制限は必ずしも厳しくはない．しかし衛星搭載の降雨レーダーの場合には，1ヶ所を1回しか観測しないことから，1回の観測での精度の要求が厳しい．このため十分な数のサンプルが必要である．独立サンプル数を増加させるにはパルスをたくさん打つ，言い換えればパルスの繰り返し周波数を上げればよい．10 GHz 帯では相関時間は 1 ms 以下であるから，繰り返し周波数は数 kHz まで上げることができそうである．ところがレーダー信号の受信は通常は発射パルスの間の時間に行うので，パルス間隔は観測距離幅でも制限を受ける．衛星搭載レーダーの場合は観測距離幅は 30 km 程度なのでパルス間隔は 0.2 ms 程度となり，繰り返し周波数の上限は 5 kHz 程度となる．

衛星から地上までの距離は「TRMM」の場合で約 400 km であるので，その間を電波が往復する時間は約 3 ms となる．地上の気象レーダーでは，広い領域を観測するのでパルス電波を発射してそれが戻ってくるまでは次のパルス電波を発射することができない．しかし衛星搭載レーダーの場合は，途中には何もなく地上付近の 30 km 程度のみが意味のある領域なので，パルス電波を発射した後，観測距離幅で決まるパルス間隔は空けるが，反射波を待たずに次のパルス電波を発射することができる．このときは最初のパルスの目標からの散乱波は複数のパルスを発射した後に戻ってくることになる．これにより繰り返し周波数を上げて必要な独立サンプル数を得ている．

3.4.11 他のレーダー機能

現在の地上の気象レーダーはドップラー機能をもっている．これは送信した電波の周波数と受信した電波の周波数が，目標物の視線方向の動きによるドップラー効果でずれることを利用して，目標物の視線方向の速さを得るものである．飛行機の視線速度はこのようにして測定することができるが，雨のような場合は降水システムが移動しないときは一見動いていないように見えるので，ドップラー効果が現れることは一見不思議に思えるかもしれない．これはドップラー効果は降水粒子の個別の動きから生じており，全体の動きからではないことによる．

雨滴の速度は，鉛直方向の場合は落下速度の分布からの雨滴粒径分布や上昇下降流の推定に有効であり，水平方向の場合は降水システムの内部の気流構造の観測に有効である．ところが現状では，衛星搭載降雨レーダーにはこの機能は使われていない．ハードウェアとしては，ドップラー機能をもたすことは必ずしも困難ではない．しかしながら衛星観測の場合には，衛星が 7 km/s 以上の速さで動いていることが問題となる．図 3.20 のように衛星から直下を見ると，地上の固定物は，レーダー視野の衛星の進行方向前方では衛星に対しては衛星に向かった方向に，後方では衛星から離れる方向に動くことになる．この前方と後方との速度差 δv は衛星の速度を v，レーダーのビーム幅を θ とすれば $\delta v = v \sin\theta$ となる．現実的な値としてレーダーのビーム幅を 0.5°，低軌道衛星を仮定して衛星速度を 7km/s とすると $\delta v \approx 60$ m/s となる．雨滴の落下速度はせいぜい 10 m/s であること，水平風速も大きくても数十 m/s であることから，この δv は大きすぎる．ドップラー機能を活かすためには，周波数を上げるかアンテナを大きくしてレーダーのビーム幅を狭めなければならない．またドップラー信号を得るためにはパルス毎の受信信号に相関のあることが必要で，このためにはアンテナがある程度大きい必要もある．現在開発が進められている「アースケア」と呼ばれる日欧の協同計画の衛星には，わが国が開発した 94 GHz 帯の雲レーダーが搭載される予定であるが，このレーダーにはドップラ

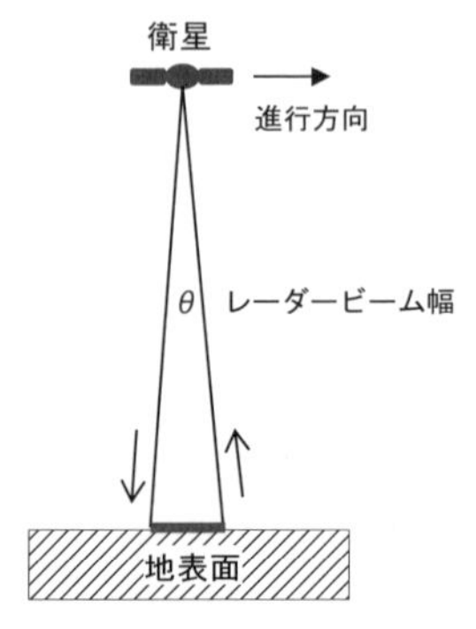

図 3.20　衛星搭載レーダーによるドップラー効果

ー機能が付加されている．これは周波数が高いためにドップラー速度が有用な情報となるためである．

地上の気象レーダーでは偏波機能も付加されることが多い．電波には偏波の自由度があり，偏波により目標物の見え方が少し異なる．降水の場合には水平偏波と垂直偏波とでは通常水平偏波の方が少し強い散乱を示す．また降水中では偏波方向により電波の速度がわずかに変わるので偏波間で位相差が生じる．この位相差は降水強度と高い相関をもつので，位相差も加味した降水強度推定がなされている．しかし衛星搭載レーダーではこの機能も付加されていない．偏波による差異は，降水粒子が球形ではなく少し偏平となることから生じているが，これによる偏波情報を取り出すためには，レーダービームを水平近くにしなければならない．ところが衛星搭載レーダーの場合には，レーダービームを鉛直方向から大きくずらすと目標までの距離が大きくなり，大電力が必要となる．またビームが大きく広がることにより高度分解能，水平分解能が劣化し，さらには地面からの散乱を受けてしまい，地表付近の降水エコーの見えなくなる領域が増えてしまう（図 3.21）．アンテナ技術的にも衛星搭載の降雨レーダーに偏波機能を付加することは現状では困難である．これらの理由から，現在は偏波機能は使用されていない．しかし偏波を変えたときの個々の受信電力の相関を用いる方法もあり，これはアンテナビームを斜めに向ける必要はない．また衛星搭載の合成開口レーダーでは偏波機能が付加されており，将来の実現可能性はある．

衛星搭載レーダーでは質量，アンテナサイズ，電力の制限が厳しいため，高

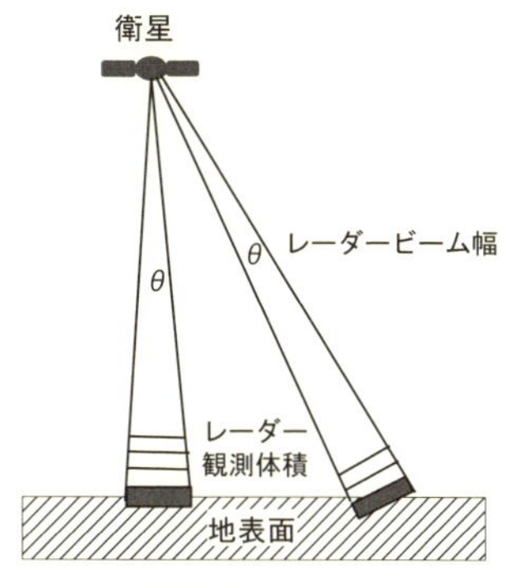

図 3.21　衛星搭載レーダーの斜め観測

い送信電力をもつ強力なレーダーは搭載できない．このため地表面の観測を主目的とする衛星搭載の合成開口レーダーでは，パルス圧縮技術が用いられる．この方式は地上の気象レーダーでも普及が進んでいる．これは短いパルスではなく長いパルスを変調して送信し，受信側で復調することにより実効的に短く大きな送信電力のパルスと同等の性能をもたせる技術である．地上の気象レーダーでは，短パルス／長パルスの組み合わせ方式が実用化されている．しかしこれも衛星用の降水観測用のレーダーについては現状では使用されていない．これはパルス波を受信機で復調するときに少し裾野が広がってしまうことによる．上空から下方をレーダー観測すると降雨からの弱いエコーの下に地海表面からの強いエコーが現れる．復調の時にこの強いエコーの形状が少し崩れ，裾野が広がってしまい，弱い降水エコーを覆い隠してしまう．復調の精度が十分にあればこの現象を回避できるが，現状の技術では十分な精度が得られていない．しかしこれも技術革新により将来使用される可能性はある．

電波による衛星からの地球観測では下方に電波を放射するため，レーダーの周波数によっては電離層の影響も考えなければならない．電離層には自由荷電粒子があり，数十 MHz 以下の低い周波数の電波は電離層で反射されるため透過できない．金属表面から内部へは電波は侵入できないが，同じことが電離層でも起こる．ただし，電離層内の自由荷電粒子の密度は金属内の電子密度（これはオーダー的に原子密度になる）に比べてはるかに小さいため，電波はある程度侵入でき，また周波数が十分に高ければ透過する．

電波は電離層を通過すると直線偏波の偏波面が回転する現象が起こる．これはファラデー回転あるいはファラデー効果と呼ばれる．この現象はマイクロ波でも低い周波数を使いかつ偏波情報も使う合成開口レーダーでは問題となっており，合成開口レーダーの使用電波の周波数の下限を決める1つの要因となっている．しかし衛星搭載の降雨レーダーでは，周波数が 10 GHz 以上と高いので問題にはなっていない．

コラム 12 ◆ 周波数帯の呼び名

電波の周波数帯は 5 GHz 帯というように周波数で表されるが，マイクロ波では業界用語として C 帯や C バンドなどと呼ばれることもある．最初は慣用の名称であったが，米国の電気電子工学の大きな学会であるIEEE（アイ・トリプル・イー）（The Institute of Electrical and Electronics Engineers, Inc.）によって整理された．気象レーダーでは2〜4 GHzのS帯，4〜8 GHzのC帯，8〜12 GHzのX帯，12〜18 GHzのKu帯，18〜26 GHzのK帯，26〜40 GHzのKa帯，75〜110 GHzのW帯が使われる．これらの名称を「Cバンド降雨レーダー」というように使用する．周波数によって使途また使われるアンテナや電子素子が変わるので，例えばCバンドの何々というと，その電子機器がある程度想像できる．

4 衛星からの新しい降水観測

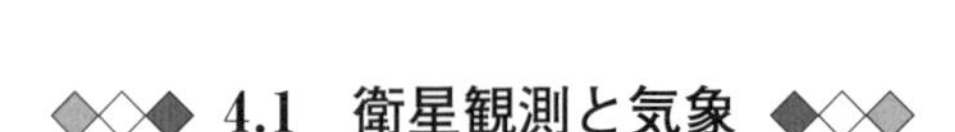

4.1 衛星観測と気象

4.1.1 概 要

1.5節において，地球観測に用いられる衛星には2種類の軌道があることを述べた．1つは高度400～1000 km前後の極軌道，もう1つは高度約36000 kmの静止軌道である．前者は1日に1回程度の頻度で全球を高解像度で観測し，後者は30分～1時間毎という高時間分解能で正対する地球の範囲を観測する．前節までに登場した「ノア」，「アクア」，「テラ」，「もも」，「みどり1号」，「みどり2号」，「TRMM」，「いぶき」，「しずく」，「クラウドサット」，「カリプソ」，「DMSP」などの衛星は，すべて極軌道の衛星であった．

4.1.2 新しい静止気象衛星が拓く気象学

静止気象衛星は赤道上の高度約36000 kmの静止軌道から，衛星に正対する範囲の地球観測を行っている．観測頻度は「ひまわり6号」，「ひまわり7号」の場合，30分から1時間毎である．静止気象衛星は我々の日々の天気予報や災害監視に現業的に用いられる衛星であるため，データを欠損させないために多大な努力が払われる．例えば「ひまわり5号」(GMS-5) の後継であった運輸多目的衛星 (MTSAT) は，1999年11月のH-IIロケット8号機の打上げ失敗によって軌道に上がらなかった．この結果，運用寿命が間近であった「5号」の交代機が失われ，日本域を含むアジア・オセアニアの気象観測は危機にいたってしまったのである．気象庁はアメリカに支援を求め，同国の静止気象衛星「ゴーズ9号」を日本付近の経度まで移動させて観測を継続した．そのときの経験を踏まえ，2005年に打ち上げられた「ひまわり6号」(MTSAT-1R) 以降は2機体制を堅持するようになっている．表4.1に，初代「ひまわり」衛星から次世代の「8号」,「9号」までの打上げ運用スケジュールを示している．「ひまわり6号」と「7号」までの設計寿命は約10年であったが,「8号」と「9号」からの設計寿命は15年に延びている．

2014年10月7日に新型静止気象衛星「ひまわり8号」が成功裏に打ち上げられた．同年12月18日に得られた初画像を図4.1に示す．軌道上において数ヶ月にわたる各種のチェックを経たうえで，2015年夏に新型衛星による観測に切り替わった．第3世代「ひまわり」の最大の特徴は，イメージングセンサーAHI (Advanced Himawari Imager) の高性能・高機能化である．観測波長は旧来の5チャンネルから16チャンネルへと大幅に増加，解像度は可視チャンネル1km (0.64 μm チャンネルのみ0.5km解像度)，熱赤外チャンネルが2kmへと向上した．これは旧来の極軌道衛星搭載イメージングセンサーを彷彿とさせる仕様である．観測頻度は旧来の30分毎から10分毎へ短縮，日本付近など限定的な小領域では最短2.5分毎の観測が実現し，雲，エアロゾル，植生，水蒸気等の高精度，高頻度観測に資する仕様になるなど，名実ともにスーパーセンサーとなった．

では，研究としての気象学の観点において新「ひまわり」はどのような意味をもつのであろうか．衛星センサーにおいて注目すべき性能は，チャンネル数

図4.1　「ひまわり8号」がはじめて捉えた地球［口絵21参照］

表 4.1　初代「ひまわり」衛星から次世代の「8 号」,「9 号」までの打ち上げ運用スケジュール

世代	衛星	打上げ年次	備考
第 1 世代	静止気象衛星（ひまわり）GMS	1977	
第 1 世代	静止気象衛星2 号（ひまわり2 号）GMS-2	1981	
第 1 世代	静止気象衛星3 号（ひまわり3 号）GMS-3	1984	
第 1 世代	静止気象衛星4 号（ひまわり4 号）GMS-4	1989	
第 1 世代	静止気象衛星5 号（ひまわり5 号）GMS-5	1995	
第 2 世代	運輸多目的衛星 MTSAT		1999 ロケット不具合により打ち上げ失敗 →
第 2 世代			2003 アメリカ GOES-9 によるバックアップ観測 →
第 2 世代	運輸多目的衛星新1 号（ひまわり6 号）MTSAT-1R	2005	
第 2 世代	運輸多目的衛星新2 号（ひまわり7 号）MTSAT-2	2006	
第 3 世代	静止地球環境観測衛星（ひまわり8 号）Himawari-8	2014	
第 3 世代	静止地球環境観測衛星（ひまわり9 号）Himawari-9	2016	

横軸：1980　1985　1990　1995　2000　2005　2010　2015　2020　2025　2030

凡例：打上げ年次／前号からの引き継ぎ／本運用期／待機運用期間／次号への引き継ぎ

と波長位置，ダイナミックレンジ，信号対雑音比，観測範囲（観測幅），瞬時視野（いわゆる空間解像度），観測頻度である．表4.2にこれらをまとめてみた．この表を読み解くことで，新しい「ひまわり」は何が得意であるかがわかる．例えば，新型「ひまわり」のチャンネル数と波長構成は先進型の極軌道衛星搭載イメージングセンサーであるMODIS（モーディス），VIIRS（ヴィアーズ），SGLIに準じた仕様となっている．このことは極軌道並みの観測対象物の多様性が得られる可能性を示している．一方で，極軌道衛星イメージングセンサーは，海面など暗いターゲットの微妙な明るさの違いを観測できる高感度モードを有しているのに対して，新型「ひまわり」は低感度である．したがって，「ひまわり」は雲，雪面，陸面のような比較的明るいターゲットの観測を得意とする．観測範囲と観測頻度にも注目したい．静止気象衛星は同じ領域を高頻度で観測することを得意とする．新型「ひまわり」の観測頻度は10分毎，日本付近については2.5分毎という超高頻度な観測が実施される．従来の「ひまわり」が紙芝居とすれば，新型「ひまわり」は動画である．この10分あるいは2.5分毎

表4.2　第2，第3世代気象衛星および先進型極軌道衛星イメージングセンサーの特徴

	第2世代静止衛星イメージングセンサー	第3世代静止衛星イメージングセンサー	先進型の極軌道衛星イメージングセンサー
チャンネル数	5	16	20～36
観測波長の範囲	可視～熱赤外	可視～熱赤外	近紫外～熱赤外
可視～近赤外波長のダイナミックレンジ	低感度（反射率1の観測対象を観測しても飽和しない）	低感度（反射率1の観測対象を観測しても飽和しない）	低感度，または高感度（海面など暗い対象の観測に最適化）
信号階調	10ビット（1024階調）	可視で11ビット（2048階調）	多くは12ビット（4096階調）
信号対雑音比	未公表	可視では飽和レベル比0.1～0.2程度の輝度でSNR＝100程度	可視では飽和レベル比0.1～0.2程度の輝度でSNR＝300～500前後
観測範囲	正対ディスク（静止衛星3～4機で全球を網羅）	正対ディスク（静止衛星3～4機で全球を網羅）	観測幅1000 km～2500 km（24時間でほぼ全球を網羅できる）
瞬時視野	1 km～4 km（チャンネルによって異なる）	0.5 km～2 km（チャンネルによって異なる）	0.25 km～1 km（チャンネルによって異なる）
観測頻度	30分毎（オプションでラピッドスキャンモードがある）	10分毎（日本付近は2.5分毎）	1日1～2回程度

というのは，寿命が数時間程度の積乱雲の時系列観測が可能になることを意味しており，気象学の発展に大きく寄与するであろう．一方の極軌道衛星では，全球を1機で網羅できるという利点があるものの，観測頻度は1日1回から2回程度となっている．観測頻度では静止気象衛星にかなわないが，大きなセンサーの信号雑音比やきめ細やかな感度設定により，より高精度な観測が可能となっている．また，極軌道衛星の軌道は低く，観測ターゲットまでの距離が短いためにレーダー等の能動型センサーによる観測が可能である．イメージングセンサーによる水平面観測とレーダーによる鉛直面観測が同時に実施できる点は大きなアドバンテージとなる．

高頻度観測を得意とする静止衛星と，高精度観測を得意とする極軌道衛星は，両者とも一方が不得意とする部分を補っている．また，長年の極軌道衛星センサーの運用で獲得した観測技術が静止軌道衛星のデータ解析に応用されている点にも注目したい．実際，極軌道衛星センサーの利用で培われた，エアロゾル特性や雲特性の推定，火山噴煙の検知，植生分類などの技術が，今後新型「ひまわり」に適用される．気象学の発展のためには静止軌道，極軌道のどちらも欠かせない．

◆◇◆ 4.2　全球降水観測計画（GPM） ◆◇◆

4.2.1　概　要

熱帯降水観測衛星（TRMM）の観測を引き継ぐ計画として日米が主導して全球降水観測計画（GPM：Global Precipitation Measurement）が進められた．GPMは全球の降水分布を時間分解能3時間で観測することを主要な目標とし，「TRMM」の直接の後継機となる主衛星とマイクロ波放射計を搭載した副衛星群（constellationと呼ばれる）からなるシステムとなっている．主衛星はわが国が開発した二周波降水レーダー（Dual-frequency Precipitation Radar：DPR）と米国が開発したマイクロ波放射計（GPM Microwave Imager：GMI）を搭載し，二周波降水レーダーとGMIによる降水システムの同時観測から，液体降水，固体降水の両者について瞬時降水強度の推定精度の向上を目指している．これを基にデータベースを改良しconstellation搭載のマイクロ波放射計による降水強度推定の検定・向上を行う（Hou et al., 2014）．二周波降水レーダーは14/35 GHz（Ku帯／Ka帯）の周波数をもち，降水について2種類の情報を得ることにより，高精度の降水強度推定を行うと同時に高感度を達成している．なお，二周波降水レーダーは雨だけでなく雪の観測も目標としているので，降雨レーダーではなく降水レーダーと呼んでいる．Ku帯レーダーは「TRMM」搭載の降雨レーダーとほぼ同じ性能をもつ．Ka帯レーダーは走査幅はKu帯レーダーのほぼ半分の125 kmと狭いが，Ku帯レーダーと同じ観測体積をもつモードと高感度モードの2つのモードをもつ．二周波レーダーはマイクロ波放射計とともにGPM全体の降水観測精度を決定する．これにより，GPMは降水システムの気候学の進展に寄与するとともに，短期予報，河川管理など実利用にも大きく寄与することが期待されている．なお本節は主に中村ほか（2009）によっている．

4.2.2　GPMの概要

「TRMM」は2015年に運用を終了したが，17年以上にわたる観測から衛星からの長期にわたる降水システムの観測が大きな価値をもつことが実証された．しかしながらこの観測範囲は熱帯亜熱帯域に限られ，全球ではない．全球降水観測計画は主衛星と副衛星群からなるシステムである．全球の観測のためには軌道傾斜角を大きくしなければならないが，そうすると多量の降水のある熱帯域の観測頻度が小さくなってしまう．単独の衛星では観測頻度の限界から気候値を得る際のサンプリング誤差が大きいという精度上の限界の克服と，短時間予報や洪水予測などの実利用面から要求される数時間以内での観測データの提供を，主衛星を中心とした複数の衛星群で突破しようとするアイディアである（図4.2）．これにより主衛星は，高精度の瞬時値降水強度推定に専念できることとなった．主衛星の降雨センサーは二周波降水レーダーとマイクロ波放射計である．「TRMM」降雨レーダーは宇宙からの降水観測の大きな発展に寄与したが，二周波降水レーダーはその後継として二周波をもち，宇宙からの降水観測のさらなる精度向上を目指している．二周波降水レーダーは国立研究開発法人の宇宙航空研究開発機構（JAXA）と情報通信研究機構（NICT）により開発された．アメリカNASAは「TRMM」搭載のTMIを改良し，また水蒸気チャンネルを付加した新しいマイクロ波放射計（GMI）を開発した．

二周波降水レーダーとGMIを搭載した主衛星は，2014年2月28日（米国では2月27日）にJAXA種子島宇宙センターからH-IIAロケットで打ち上げられた．図4.3は，打上げから間もない2014年3月10日13時30分（世界時）

図 4.2　GPM の概念（JAXA，NASA ホームページより）

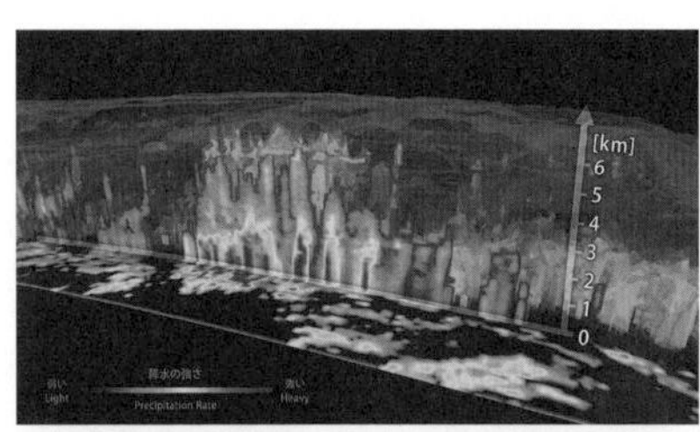

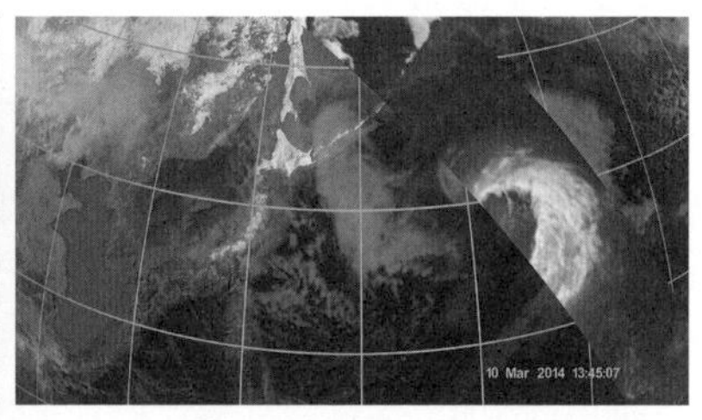

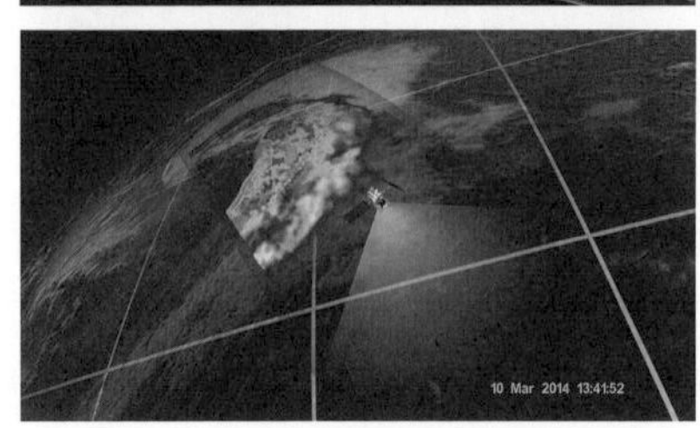

左上：二周波降水レーダーによる画像，右上：マイクロ波放射計の 36 GHz チャンネルによる画像，下：マイクロ波放射計による推定地上降雨強度.

図 4.3　GPM 主衛星による 2014 年 3 月 10 日世界時 13：30 頃の日本の東海上の低気圧に伴う降水の観測例（JAXA，NASA ホームページより）［口絵 22 参照］

に観測された日本の東海上の低気圧に伴う降水である.

4.2.3　GPM 主衛星と搭載センサー

(1) 衛星と軌道

「TRMM」は 2.5 t，燃料を含めると 3.5 t クラスの衛星であった．GPM 主衛星も 3 t クラスとなっている．主衛星の軌道傾斜角は 65° である．65° というと高緯度域が観測範囲から外れてしまうように思われるかもしれないが，北半球ではベーリング海峡やアイスランドは北緯65°あたりであり，南半球では南極の昭和基地が南緯70°であることから想像できるように，地球のかなりの部分を覆っている．実際地球の面積の90％以上をカバーしている．熱帯域はもとより中高緯度域でも降水の日周変化があるので太陽非同期とし，さらに降水の日周変化を2ヶ月程度で観測するためには軌道傾斜角を75°以下にする必要がある．また打上げの失敗があった場合でも，残骸が海上に落下するようにするための条件からこの角度となっている．この角度でも，中高緯度の降水のピークは十分にカバーしている．軌道高度は「TRMM」と同程度として407 kmとなっている．

主衛星搭載のセンサーは，二周波降水レーダーとマイクロ波放射計（GMI）のみとなっている．「TRMM」にはレーダー，マイクロ波放射計（TMI）以外にも可視・赤外放射計（VIRS），雷センサー(LIS)，放射エネルギーセンサー(CERES）が搭載されていた．CERESは降水に関わるセンサーではなかったので別としても，LIS，VIRSの主衛星搭載への要望は強かった．雷は霰（あられ）の存在を示し，降水システム内の微物理過程の指標として使えることが「TRMM」でわかり，またVIRSは可視・赤外放射計による降水推定，また雲活動と降水活動との関係について成果をあげた．しかし，衛星バスのセンサー搭載能力と予算の関係でLIS，VIRSともその搭載は見送られた．これらについては他の衛星データの積極的利用を図る必要がある．

(2) 二周波降水レーダー（DPR）の仕様

図4.4はGPM主衛星による観測の概念を示す．二周波降水レーダーは14 GHz（Ku帯）と35 GHz（Ka帯）のレーダーからなり，GPM全体の要となるセンサーである．二周波降水レーダー単独あるいはこれとマイクロ波放射計の複合による降水システムの詳細観測が，降水推定の大きな向上への道である．レーダーがなければGPMは単なる衛星搭載マイクロ波放射計の集まりとなってしまう．レーダーの仕様決定では「TRMM」のレーダーの実績がその基礎となった．二周波のレーダーの構想は「TRMM」のレーダーの検討時からあったが，予算上の制約から単周波レーダーとなった経緯がある．二周波降水レーダーの基本的な構造はその時の検討結果から大きくは異なってはいない．二周波降水レーダーの主要諸元を表4.3に示す．

利用側からは，レーダーはできるだけ広い走査幅，できるだけ高い感度と精

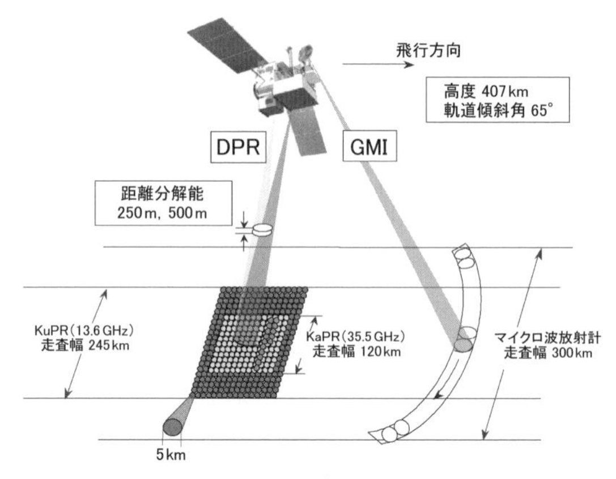

図 4.4　GPM 主衛星による降水観測（JAXA，NASA ホームページより）

表 4.3　二周波降水レーダーの主要諸元

	Ku 帯レーダー	Ka 帯レーダー
方　式	アクティブフェーズドアレイ，パルス方式	
アンテナ	導波管スロットアレイアンテナ（128 素子）	
周波数	13.6 GHz	35.55 GHz
ピーク送信電力	1000 W 以上	140 W 以上
走査幅	245 km	125 km
水平分解能（衛星直下点）	5.2 km	5.2 km
距離分解能	250 m	250 m/500 m
観測高度範囲	地表〜19 km	地表〜19 km
最小観測降雨強度	0.5 mm/h	0.2 mm/h
サイズ	2.5 m×2.4 m×0.6 m	1.4 m×1.2 m×0.8 m
消費電力（1 周平均）	446 W 以下	344 W 以下
質　量	456 kg 以下	336 kg 以下

度，そしてできるだけ高い距離分解能が要求される．その一方，衛星搭載という条件から質量，サイズ，消費電力の厳しい制限がある．また宇宙の厳しい熱環境や強い太陽放射に長期にわたり耐えることが要求される．さらに厳しい予算上の制約からもレーダーの性能は制限され，結局，利用側の要求，技術的制約，予算的制約のトレードオフとなる．この結果，レーダーシステムは固体素子のフェーズドアレイであり，また必要な独立サンプル数を取得するため frequency agility を使うことなど，「TRMM」降雨レーダーと同様となった．実際，Ku 帯のシステムは「TRMM」の降雨レーダーとほぼ同様であり，Ka 帯のシステムも Ku 帯のシステムの高周波数版となっている．

レーダーの主要パラメータの1つである使用周波数は大きな検討課題であった．周波数の低い方のレーダーは，衛星への搭載性，「TRMM」降雨レーダーの実績，アルゴリズムまたその観測の継続を図るためなどから，「TRMM」レーダーと同様のKu帯を使う．実際の周波数は国際的周波数割り当ての関係から13.6GHzと「TRMM」降雨レーダーの13.8GHzからは若干低くなっている．高い方の周波数は，周波数割り当てから24GHz帯，35GHz帯，95GHz帯が考えられた．これらより高い周波数はレーダーとして実績に乏しい．二周波降水レーダーの目的は2つあり，1つは高い方の周波数の降雨減衰を積極的に利用した降水強度の高精度推定であり，もう1つは感度向上である．（14/24GHz），（14/35GHz），（14/95GHz）の組み合わせのなかで，14/24GHzでは周波数が近すぎて二周波のメリットが少ない．一方，14/95GHzの組み合わせでは，95GHz電波の降雨減衰が大きすぎて降水システムを十分には観測できないうえ，レイリー散乱からのずれが大きいという問題があった．14/35GHzの組み合わせは，降雨に対しては適当な降雨減衰量をもち，雪に対しては降雨減衰量は小さい一方，適当な大きさのレイリー散乱からのずれがあり，二周波解析に適当である．また高感度化も達成できることから，最終的に14/35GHzの組み合わせとなった．なお，95GHzレーダーは衛星搭載雲レーダーとして2006年にアメリカが打ち上げた「クラウドサット」で実現されている．

水平分解能は両周波数とも約5kmである．Ka帯レーダーの水平分解能についてはアンテナを大きくして感度と水平分解能向上を図る方向も考えられたが，二周波解析を行うためにはビームマッチングが不可欠であること，それに加えて衛星への搭載性からアンテナサイズに制限があり，それらから水平分解能が決まった．距離分解能は「TRMM」降雨レーダーを踏襲し250mである．

走査幅はKu帯レーダーが245km，Ka帯レーダーはその半分の125kmである．Ka帯レーダーについては，衛星搭載性から小型化低電力化軽量化への要求が厳しく，素子数を128以上とはできなかった．このためグレーティングローブの関係からも広く振ることはできない．Ka帯レーダーの走査幅は少なくともマイクロ波放射計GMIの最大ピクセル全体をカバーすること，降水システムのコア領域を十分にカバーできること，さらに実効感度を向上させるため独立サンプル数を確保するために125kmに決まった．

感度については，Ku帯レーダーは少なくとも「TRMM」降雨レーダーのレベルを，Ka帯レーダーは「TRMM」降雨レーダーでは観測できなかった弱い降水，また雪の観測のためより高感度が要求された．アンテナサイズ，固体送信器の出力，受信機雑音レベル，そして独立サンプル数の確保と走査幅等々とのかねあいが検討された．この結果，距離分解能 250 m では十分な感度が得られないことがわかった．距離分解能を劣化させる，つまりレーダーの送信パルスを長くすると観測体積の増加と受信機の狭帯化により雑音レベルが下がるため感度が上がる．しかし，距離分解能を劣化させると，降水システム構造の観測に問題が生じる．さらに，二周波解析を十分に行うことができない，地表面に近いところの降水が地面クラッタに覆い隠される範囲が広がる，などの問題が生じる．これらから，Ka 帯レーダーにはビームマッチングモードと高感度モードの 2 つをもたすこととなった．前者は 250 m の分解能で，かつ走査内で Ku 帯レーダーと観測ピクセルを一致させ，後者は距離分解能は 500 m として感度を 12 dBZ まで伸ばしている．水平には一様で高さ方向も高度 5 km までは一様という仮定のもとでの地面付近での降雨に対する二周波降水レーダーの受信感度（S/N 比）の計算例を図 4.5 に示す．「TRMM」レーダーの感度も参照データとして示している．すべての結果が強い強度の雨に対して下がっているのは，高度 5 km から地表までの降雨減衰のためである．Ka 帯レーダでは降雨減衰量

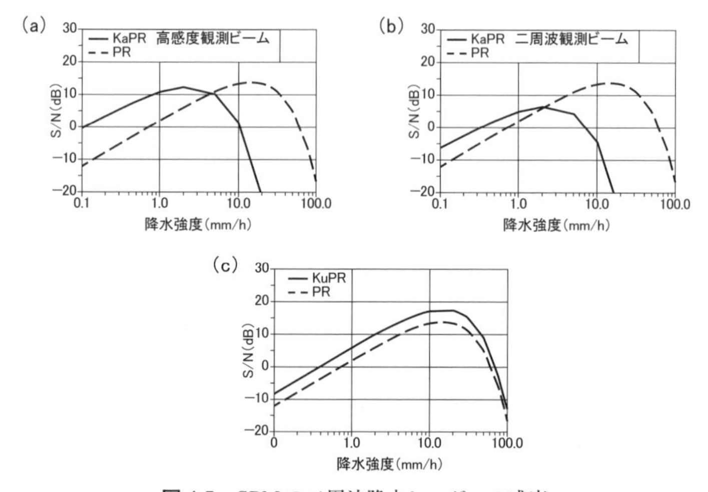

図 4.5　GPM の二周波降水レーダーの感度

地表付近での信号体雑音比で示す．点線は「TMRR」降雨レーダー．左上：距離分解能 500 m の高感度モードでの Ka 帯レーダー，右上：距離分解能 250 m での Ka 帯レーダー，下：Ku 帯レーダー．

がKu帯レーダーとは大きく異なっている．この差が二周波による降水の高精度観測に寄与する．またKa帯レーダーの高感度モードでは0.2 mm/hの降雨まで観測できることがわかる．

観測距離範囲は，直下では降雨の地・海表面での反射による鏡像エコーを観測するため，地面・海面下の一部までカバーできる範囲となっている．高い方は高度19 kmまでを保証している．実効感度の向上のために独立サンプル数を可能な限り増加させる必要があり，観測距離範囲は大きな制約があった．その一方，熱帯域には非常に高い降雨頂をもつ降水システムが存在し，そのシステム全体を観測したいこと，このような降水システムの観測は対流圏-成層圏相互作用の研究の面からも重要であることなどから，観測距離範囲を広げるべきとの強い要求があった．しかし降雨頂が19 kmを越えるわずかの降水システムを観測するために観測高度範囲を増加させると，独立サンプル数の減少から感度の劣化を招き，全降水システムの観測に影響することから，19 kmが設計仕様となった．

「TRMM」降雨レーダーに比べるとGPMのレーダーは二周波となったことが最も大きな差異である．Ku帯レーダーは「TRMM」のレーダーと同様であるが，素子の向上による送信電力の増加に伴い感度は向上している．また独立サンプル数も，パルス繰返し周波数を可変とすることで増やしている．

このようなレーダーの性能にしても，利用側からはまだ不十分との指摘もある．19 kmの観測高度もその1つであるが，感度にも不満がある．固体降水の観測も目標としているが，乾雪の観測のためには感度不足であるというものである．実際12 dBZ以下のレーダー反射因子をもつ乾雪はたくさんある．しかし，二周波降水レーダーの主要目的は降水量に大きく寄与する降水システムを精度よく観測することであり，このためには一部の降水システムは諦めざるを得ない．現在，弱い降水について感度をもつ衛星搭載雲レーダーが実現されており，このような衛星との相補性も考慮する必要がある．

(3) 二周波降水レーダーによる降水強度推定

図4.6は，二周波降水レーダーで降水を観測したときの降水エコーの鉛直プロファイルの模式図である．降雨域内ではKa帯の電波では降雨減衰が強いため，Ka帯レーダーの鉛直プロファイルは，Ku帯レーダーに比べて地表面に近づくにつれて小さくなる．この小さくなり方から降雨減衰係数が推定できる．降雨減衰係数は降雨強度とよい相関があるため，降雨強度が推定できることに

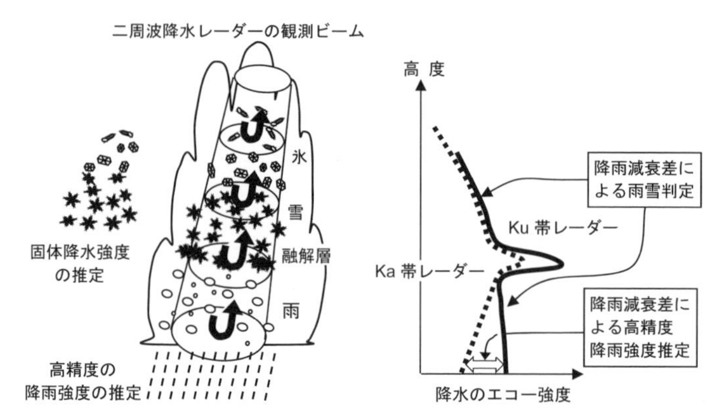

図 4.6 二周波降水レーダーによる降水エコーの鉛直プロファイルの模式図（JAXA ホームページより）

なる．実際のアルゴリズムでは，測定誤差や信号の変動などの影響やレイリー散乱からのずれを考慮している．降水システムの上部では雪や氷晶が存在するが，これらの粒子では雨滴とは電気的物性が異なり降雨減衰は小さい．しかし，粒径が大きいためレイリー散乱からのずれが大きくなる．この大きくなり方を使って降雪強度の推定精度を上げている．

(4) GPM のデータ利用

「TRMM」により降水システム気候学ともいうべき分野が開かれたが，GPM では高緯度域までこの降水システム気候学を広げることができる．また高頻度観測による統計値の精度向上は，降水分布の年々変動や季節進行の実態把握に大きく寄与する．3 時間毎の全球降水データは短期予報，現況把握，洪水予報という実用上大きな意義がある．局所的な現状把握には 1 時間程度以内のデータ入力が必要であるので，3 時間毎のデータではまだ不十分である．しかし，GPM のデータの利用技術の開発により，これらも実用化・高度化されることが期待される．洪水予測への利用に関しては，流域面積が大きなパラメータとして入っている．3 時間毎のデータからの直接の河川流量予測は，数万 km^2 以上の流域ならば可能と考えられ，世界的には 3 時間毎のデータでも十分に実用的な洪水予測が可能となろう．いわゆる ungauged region（雨量計網などの降水観測網の無い領域）を GPM でカバーできる利点は大きい．わが国のような場合では，上流に豪雨があると数時間で下流に達するので，3 時間毎の観測では間に合わない．そのためにこそ，わが国には密な雨量計網と降雨レーダー網が整備されている．短時間データが必要でかつ地上雨量計網が不十分な地域は，世界でも山地の河川流域など多い．これらには短時間予報モデルの普及と連動することにより寄与できよう．なお実利用の面からは，降水強度推定の精度とともに強降水域の場所が重要である．

「TRMM」は研究衛星であった．センサー技術，降雨レーダーとマイクロ波放射計によるアルゴリズムの開発・向上による降水強度推定精度の向上，そしてそれらを土台とした降水システムの気候値の観測は，もともとの「flying rain gauge（空飛ぶ雨量計）」の概念（Simpson et al., 1988）を大きく上回る成果をあげた．また観測期間の大幅な延長は，降水の年々変動の把握への道を開いた．これらはすべて全球の降水観測を目指すGPMの土台となっている．GPMが「TRMM」では観測範囲外であった中高緯度の降水も観測対象に含めることは当然の発展と考えられる．GPM主衛星の能力は実用にも耐える設計となっており，研究衛星と実用衛星の両方の面をもっている．センサーに加え，降水推定アルゴリズムなどにも大きな進歩が期待される．さらに衛星システムとしても，観測頻度の限界を超えるため複数の衛星を利用するという新たなシステムとなっている．多数の地球観測衛星が実現している現在，単独ミッションとともに多数の衛星のデータ融合が大きな方向となっており，GPMはその流れの1つのプロトタイプとなっている．

4.2.4　おわりに：衛星による降水観測の将来

衛星による降水観測の意義・有効性は，地球の気候システムの理解と，この理解を踏まえての将来予測精度向上，降水分布の現況把握による水災害軽減などにある．地球規模の水循環の様相がわかってきたのは最近のことである．現在の大きな課題の1つは地球温暖化による水循環の変化である．モデルによる将来予測では温暖化により降水は若干増加する．これは温暖化による飽和水蒸気圧の上昇が主原因である．熱帯域では降水の増加があるという報告はあるものの，近年の顕著な温暖化にもかかわらず，降水量の増加は十分には確認されていない．「TRMM」の17年に及ぶ観測からも，温暖化の全球降水量への影響の明瞭なシグナルは検出されていない．降水形態についても，将来予測モデルではより強い降雨が増えるという結果が一般的であるが，観測からはその傾向はみられるものの十分には確認されていない．衛星による降水観測精度の向上とともに十分な観測期間が必要である．

衛星による降水観測精度を高めるには，時空間分解能の向上が必要である．水災害の軽減のためには高い時空間分解能が必要であることは当然であるが，全球での降水量などの気候値の精度を高めるためにも，高頻度の観測が不可欠である．また変化に富んだ地形や様々な気候のもとにあり変化の大きな降水システムについては，その特徴に合わせての降水量推定が必要となる．全球一律の降雨推定ではなく，局地性を踏まえての降水強度推定を行わなければならない．これをやらなくては全球の降水量の精度の向上は見込めないところまできている．局地性の特徴を得るためにも，高い時空間分解能が必要とされる．この方面での開発は今後も続く．それと同時に継続観測の必要性は強調しすぎることはない．

地球観測衛星計画は１つの計画に数百億円の経費がかかる．このため多くの衛星を打ち上げることは困難であり，国際協力が不可欠となる．また衛星の経費を削減するため，小型衛星を多数打ち上げることも検討されている．少し遠い将来を考えると，静止衛星からの観測も視野に入ってくる．静止衛星上から降水を直接測るマイクロ波センサーを使用するには非常に大きなアンテナが必要となるので，現在は技術的には困難であるが，大型展開アンテナは宇宙技術の１つの大きな技術開発目標でもあり，今後の発展が期待される．衛星の降水観測データは他の衛星データ，地上データとの組み合わせ，モデルとの組み合わせなどのデータ融合による高次データの作成も広がると予想される．これは社会インフラの１つとなる．衛星観測は地球規模であるので，国際的社会インフラともいえよう．さらに，大きな水管理パッケージの一部としても使用が広がることが期待される．

コラム 13 ◆ データ検索の方法

衛星データは１年間で 100 TB（テラバイト）以上にもなるものがある．このような膨大な衛星観測データを，大学や研究所の研究室ですべて保管するのは現実的ではない．そこでセンサー開発機関やデータクラウドに保存されているデータに検索をかけ，自分が必要とする衛星観測データを探し出して使用することになる．ユーザが指定する検索キーは多岐にわたるが，そのうち衛星名，センサー名，日時，観測場所は最も基本的なキーである．次に表2.1にも示した処理レベルの選択，そして，処理レベルがLevel-2以降の場合は，物理量を指定することになる．

初期の検索システムは，特に気象研究者にとっては使い勝手がよくなかった．例えば，気象に関わる研究者が雲を含むシーンを選択することは普通である．しかし，リモートセンシング＝地表観測であった時代，雲が混入した画像は役に立たない画像であったため，雲がない画像を選ぶことに特化した検索，すなわち「雲量＃％以下」という検索キーのみが用意されていて，雲が多い画像を選ぶことはできなかった．また，かつては，何度検索をかけても該当ファイルが1つも見つからず，よく調べてみると，そもそもデータが存在していない領域や期間であったことに気づくことが多々あったものだ．このような設計が，衛星観測データは使いにくいという評判につながったことは否めない．しかし，近年では気象研究者を意識した検索項目も設けられるようになった．また，データの存在具合が一目でわかるように，候補となりうるデータの総量が地図上に色分け表示されるような工夫が加わり，検索の空振りを未然に防ぐことが可能になった．さらに，Level-2以降の高次プロダクトを利用するユーザへの便宜を図るために，高次プロダクト名称を第1検索キーにして，複数の衛星から推定されたプロダクトを横断的に検索するシステムも出現してきた．現在はインターネットで衛星データをダウンロードする時代に対応して，検索で絞り込んだ画像の総ボリュームを知らせる機能もついてきた．ファイル選択の手助けとなるクイックルック画像も充実し，良い進化である．

しかし，まだ工夫の余地がある．データの可用性を高めていくためには，観測精度や処理アルゴリズムの説明などの科学情報へのアクセス性の向上，データ読み出しツール，統計処理ツール，そして可視化を支援するツールの整備と定期的なアップデートが重要になる．なかでも，データ利活用を強力にバックアップするため，常勤の技術者がデータ・コンシェルジュとなって支援を行うことは重要である．

コラム 14 ◆ 平成 9（1997）年 9 月関東・東北豪雨

近年，豪雨による災害が増加している．2014 年 8 月の広島でも線状降水帯が長く居座り，大きな土砂災害を引き起こした．このようななかで，2015 年 9 月 10 日から 11 日にかけて関東北部から東北にかけて集中豪雨があった．このときは，台風 18 号から変化した温帯低気圧に吹き込む南からの湿った風に，東にあった台風 17 号からの湿った風が重なり，豪雨となった．関東域では南北に細く長い強雨域があまり移動せずに居座った．このため，24 時間雨量で 300 mm 以上の豪雨が発生した．鬼怒川上流では治水の前提となる 100 年に一度の大雨を大きく超えた．このため鬼怒川の堤防が決壊し，大きな災害となった．ほかにも堤防の決壊した河川がたくさんあった．

図 4.7 は 2015 年 9 月 9 日世界時 14：00（日本時間 23：00）頃の GPM 主衛星に搭載された二周波降水レーダ（DPR）とマイクロ波放射計（GMI）による観測である．縦の柱状に示されているのがレーダーにより観測された降水の立体構造であり，上方平面上に示された分布はマイクロ波放射計による地表降水分布である．二周波降水レーダの観測域はマイクロ波放射計の観測範囲の 3 分の 1 程度と狭いため，関東域の豪雨は逃しているが，その北には背の高い降水のあることを示している．マイクロ波放射計は関東北部の降雨域や，日本海の温帯低気圧に伴う降水域

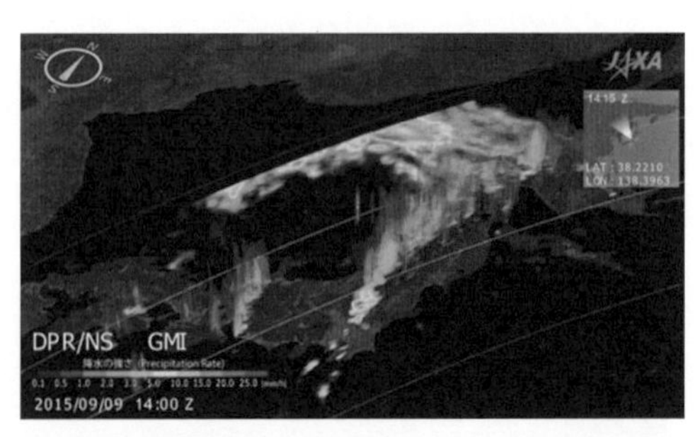

図 4.7　2015 年 9 月 9 日世界時 14：00（日本時間 23：00）の GPM 主衛星に搭載された二周波降水レーダーとマイクロ波放射計による観測（JAXA ホームページより）

図 4.8　衛星データの合成（GSMaP）による 2015 年 9 月 9 日世界時 17：00〜17：59（日本時間 9 月 10 日 1：00〜1：59）の日本付近の降雨分布（JAXA ホームページより）

を示している．

図 4.8 は衛星データから作られた全球降水マップ（GSMaP）による 2015 年 9 月 9 日世界時 17：00〜17：59（日本時間 9 月 10 日 1：00〜1：59）の日本付近の降雨分布である．複数のマイクロ波放射計のデータによる図 4.7 のような降水分布を使い，さらに静止軌道衛星の赤外雲データを用いて時間内挿を施して作られている．日本海北部には台風 17 号から変わった温帯低気圧に伴う降雨が，日本の東南には台風 17 号の降雨がある．関東から東北にかけて南北に細く伸びる強く明瞭な線状の降水帯がみられる．この図からも，この豪雨が 17 号と 18 号の 2 つの台風により作られたことが示唆される．ここには示していないが，時間変化もわかり，この線状降水帯が 1 日以上にわたり関東域に居座ったことが示されている．実際の構造は，定常の高層気象観測データやモデル計算により調べられている．台風とともに上層の気圧の谷との関係もあったとされており，かなり珍しいケースであったとみられる．しかしながら気候変動の時代であり，今後このようなケースが頻発する可能性もある．

略　語　表

略　語	正式名称	日本語訳
AGCM	Atmospheric General Circulation Model	大気大循環モデル
AHI	Advanced Himawari Imager	高性能ひまわり可視赤外放射計
AMeDAS	Automated Meteorologial Data Aquisition System	地域気象観測システム
AMSR	Advanced Microwave Scanning Radiometer	高性能マイクロ波放射計
AVHRR	Advanced Very High Resolution Radiometer	改良型高分解能放射計
CALIOP	Cloud-Aerosol LIdar with Orthogonal Polarization	
CALIPSO	Cloud-Aerosol Lidar and Infrared Pathfinder Satellite Observations	
CERES	Clouds and Earth's Radiant Energy System	雲および地球放射エネルギー観測装置
CFODD	Contoured Frequency by Optical Depth Diagram	
CPR	Cloud Profiling Radar	雲レーダー
DMSP	Defense Meteorological Satellite Program	アメリカ国防省気象衛星
DPR	Dual-frequency Precipitatin Radar	二周波降水レーダー
EarthCARE	Earth Clouds, Aerosols and Radiation Explorer	
ERBE	Earth Radiation Budget Experiment	地球放射収支
ERBS	Earth Radiation Budget Satellite	
ESMR	Electrically Scanning Microwave Radiometer	
GCOM-C	Global Climate Observation Mission-Climate	気候変動観測衛星
GLI	Global Imager	グローバルイメージャ
GMI	GPM Microwave Imager	GPM マイクロ波放射計
GMS	Geostationary Meteorological Satellite	静止気象衛星
GOES	Geostationary Operational Environmental Satellite	静止実用環境衛星
GPM	Global Precipitation Measurement	全球降水観測計画
GPROF	Goddard Profiling Algorithm	
GSMaP	Global Satellite Mapping of Precipitation	衛星全球降水マップ
IEEE	The Institute of Electrical and Electronics Engineers, Inc.	
ILAS	Improved Limb Atmospheric Spectrometer	改良型大気周縁赤外分光計
IMG	Interferometric Monitor for Greehouse Gases	温室効果気体センサー
IPCC	Intergovernmental Panel on Climate Change	気候変動に関する政府間パネル
ITCZ	Inter-tropcial Convergence Zone	熱帯収束帯

（次頁に続く）

（略語表続き）

略　語	正式名称	日本語訳
JAXA	Japan Aerospace Exploration Agency	宇宙航空研究開発機構
LIDAR	LIght Detection And Ranging	
LIS	Lightning Imaging Sensor	雷観測装置
LITE	Lidar In-Space Technology Experiment	
LNA	Low Noise Amplifier	低雑音増幅器
MODIS	Moderate Resolution Imaging Spectroradiometer	中分解能撮像分光放射計
MTSAT	Multi-functional Transport Satellite	運輸多目的衛星
NASA	National Aeronautics and Space Administration	アメリカ航空宇宙局
NASDA	National Space Development Agency of Japan	宇宙開発事業団
NICT	National Institute of Imformation and Communications Technology	情報通信研究機構
NOAA	National Oceanic and Atmospheric Administration	アメリカ海洋大気庁
OCTS	Ocean Color and Temperature Scanner	海色海温走査放射計
OPC	Optical Particle Counter	光散乱式粒子数濃度計算機
POLDER	Polarization and Directionality of the Earth's Reflectances	地表反射光観測装置
PR	Precipitation Radar	降雨レーダー
SEASAT		海洋観測衛星
SGLI	Second generation Global Imager	第2世代GLI
SMMR	Scanning Multichannel Microwave Radiometer	走査多重チャネルマイクロ波放射計
SPCZ	South Pacific Convergence Zone	南太平洋収束帯
SPRINTARS	Spectral Radiation-Transport Model for Aerosol Species	
SSM/I	Special Sensor Microwave/Imager	DMSP搭載マイクロ波撮像装置
STOA	Scientific Technology Option Assessment	欧州議会科学技術選択評価委員会
TANSO-CAI	Thermal And Near infrared Sensor for carbon Observations-Cloud and Aerosol Imager	雲・エアロゾルセンサー
TANSO-FTS	Thermal And Near infrared Sensor for carbon Observations-Fourier Transform Spectrometer	温室効果ガス観測センサー
TIROS	Television Infrared Observation Satellite	
TMI	TRMM Microwave Imager	TRMMマイクロ波観測装置
TOGA	Tropical Ocean Global Atmosphere program	
TRMM	Tropical Rainfall Measuring Mission	熱帯降雨観測衛星
VIIRS	Visible Infrared Imaging Radiometer Suite	熱帯海洋-全球大気研究計画
VIRS	Visible/Infrared Scanner	可視赤外放射計
VTIR	Visible and Thermal Infrared Radiometer	可視熱赤外放射計

参考文献

浅野正二，2010：大気放射学の基礎，朝倉書店.

Anagnostou, E. N. et al., 2001：The use of TRMM Precipitation Radar observations in determining ground radar calibration biases. *J. Atmos. Oceanic Technol.*, **18**, 616-628.

Eguchi, K. et al., 2011：Modulation of Cloud Droplets and Radiation over the North Pacific by Sulfate Aerosol Erupted from Mount Kilauea. *SOLA*, **7**, 77-80.

Fernald, F. G., 1984：Analysis of atmospheric lider observation：some comments, *Appl. Opt.* **23**, 652-653.

深尾昌一郎，浜津亨助，2009：気象と大気のレーダーリモートセンシング，改訂第2版，京都大学学術出版会.

Gu, G. et al., 2007：Tropical rainfall variability on interannual-to-interdecadal and longer time scales derived from the GPCP monthly product. *J. Climate,* **20**, 4033-4046.

Gudmundsson, M. T. et al., 2012：Ash generation and distribution from the April-May 2010 eruption of Eyjafjallajökull, Iceland. *Sci. Rep.*, **2**, 572.

Hagihara, Y. et al., 2010：Development of a combined CloudSat-CALIPSO cloud mask to show global cloud distribution. *J. Geophys. Res.*, **115**, D00H33.

Han, Q. et al., 1994：Near-global survey of effective cloud droplet radii in liquid water clouds using ISCCP data. *J. Climate*, **7**, 465-497.

Higurashi, A. et al., 2000：A study of global aerosol optical climatology with two-channel AVHRR remote sensing. *J. Climate,* **13**, 2011-2027.

平川浩正，1986：電磁気学（新物理学シリーズ2），培風館.

Hou, A. Y. et al., 2014：The Global Precipitation Measurement (GPM) Mission. *Bull. Amer. Meteor. Soc.*, **95**, 701-722.

Iguchi, T. et al., 2000：Rain-profiling algorithm for the TRMM Precipitation Radar. *J. Appl. Meteor.*, **39**, 2038-2052.

Iguchi, T. et al., 2009：Uncertainties in the rain profiling algorithm for the TRMM Precipitation Radar. *J. Meteor. Soc. Japan*, **87**A, 1-30.

IPCC, 2013：Climate Change 2013：The Physical Science Basis. Cambridge Univ.

Press.

JAXA，2008：宇宙から見た雨 2―熱帯降雨観測から全球へ―，宇宙航空研究開発機構地球観測研究センター．

Kaufman, Y. and T. Nakajima, 1993：Effect of Amazon smoke on cloud microphysics and albedo: Analysis from satellite imagery. *J. Appl. Met.* **32**, 729–744.

Klett, J. D., 1981：Stable Analytical inversion solution for processing lider returns. *Appl. Opt.* **20**, 211–220.

国立天文台編，2015：理科年表プレミアム，丸善出版．

Kozu, T. et al., 2001：Development of precipitation radar onboard the Tropical Rainfall Measuring Mission（TRMM）satellite. *IEEE Trans. Geosci. Remote Sens.* **39**, 102–116.

Kubota, T. et al., 2007：Global precipitation map using satellite-borne microwave radiometers by the GSMaP project: Production and validation. *IEEE Trans. Geosci. Remote Sens.*, **45**, 2259–2275.

Kummerow, C. et al., 1998：The Tropical Rainfall Measuring Mission（TRMM）sensor package. *J. Atmos. Oceanic Technol.*, **15**, 809–816.

Kummerow, C. et al., 2000：The status of the Tropical Rainfall Measuring Mission（TRMM）after two years in orbit, *J. Appl. Meteor.*, **39**, 1965–1982.

Kummerow, C. et al., 2001：The evolution of the Goddard Profiling Algorithm（GPROF）for rainfall estimation from passive microwave sensors. *J. Appl. Meteor.*, **40**, 1801–1820.

Meneghini, R. et al., 2000：Use of the surface reference technique for path attenuation estimates from the TRMM Precipitation Radar. *J. Appl. Meteor.*, **39**, 2053–2070.

Mie, G., 1908：Beiträge zur Optik trüber Medien, speziell kolloidaler Metallösungen. *Ann. Phys.*, **25**, 377–445.

Nakajima, T. Y. et al., 2010：Droplet growth in warm water clouds observed by the A-Train. Part II：A Multi-sensor view. *J. Atmos. Sci.*, **67**, 1897–1907.

Nakajima, T. Y. and T. Nakajima, 1995：Wide-area determination of cloud microphysical properties from NOAA AVHRR measurements for FIRE and ASTEX regions. *J. Atmos. Sci.*, **52**, 4043–4059.

Nakamura, K. et al., 1990：Conceptual design of rain radar for the Tropical Rainfall Measuring Mission. *Int. J. Sat. Commun.*, **8**, 257–268.

中村健治ほか，2009：全球降水観測計画と二周波降水レーダ．電子情報通信学会誌，**92**，743–748.

中村健治，2008：1.2節 大気と水循環，「新しい地球学」，渡邊誠一郎・檜山哲哉・安成哲三編，名古屋大学出版会，60-81.

中村健治，2011：第1章 地球表層の水循環，「水の環境学」，清水裕之・檜山哲哉・河村則行編，名古屋大学出版会，3-20.

小倉義光，1999：一般気象学，第2版，東京大学出版会.

Okamoto, H. et al., 2003：An algorithm for retrieval of cloud microphysics using 95-GHz cloud radar and lidar. *J. Geophys. Res.*, **108**(D7), 4226.

Okamoto, H. et al., 2007：Vertical cloud structure observed from shipborne radar and lidar, Part (I): mid-latitude case study during the MR01/K02 cruise of the R/V Mirai. *J. Geophys. Res.*, **112**, D08216.

Okamoto, H., et al., 2008：Vertical cloud properties in the tropical western Pacific Ocean：Validation of the CCSR/NIES/FRCGC GCM by shipborne radar and lidar. *J. Geophys. Res.*, **113**, D24213.

岡本謙一編著，1999：地球環境計測，オーム社.

Parker, D. E. et al., 1996：The impact of Mt Pinatubo on climate on world-wide temperatures. *Int. J. Climatol.*, **16**, 487-497.

Platnick, S. et al., 2003：The MODIS cloud products：Algorithms and examples from Terra. *IEEE Trans. Geosci. Remote Sens.*, **41**, 459-473.

Reynolds, R. W. and T. M. Smith, 1994：Improved global sea surface temperature analyses. *J. Climate*, **7**, 929-948.

Sakaida, F. et al., 2000：A-HIGHERS-The system to produce the high spatial resolution sea surface temperature maps of the western North Pacific using the AVHRR/NOAA. *J. Oceanogr.*, **56**, 707-716.

Sato, M. et al., 1993：Stratospheric aerosol optical depths, 1850-1990. *J. Geophys. Res.*, **98**, 22987-22994.

Short, D. and K. Nakamura, 2000：TRMM radar observation of shallow precipitation over the tropical oceans, *J. Climate*, **13**, 4107-4124.

Simpson, J. et al., 1988：A proposed Tropical Rainfall Measuring Mission (TRMM) satellite. *Bull. Amer. Meteor. Soc.*, **69**, 278-295.

Stephens, G. L. et al., 2008：CloudSat mission：Performance and early science after the first year of operation. *J. Geophys. Res.*, **113**, D00A18.

Stothers, R. B., 1984：The great Tambora eruption in 1815 and its aftermath. *Science*, **224**, 1191-1198.

Suzuki, K. et al., 2010：Particle growth and drop collection efficiency of warm clouds as inferred from joint CloudSat and MODIS observations. *J. Atmos. Sci.*, **67**, 3019-

3032.

Suzuki, K. et al., 2011：Diagnosis of the warm rain process in cloud-resolving models using joint CloudSat and MODIS observatoins. *J. Atmos. Sci.*, **68**, 2655-2670.

Takayabu, Y. N. et al., 1999：Abrupt termination of the 1997-98 El Nino in response to a Madden-Julian oscillation, *Nature*, **402**, 279-282.

Takayabu, Y. N., 2006：Rain-yield per flash calculated from TRMM PR and LIS data and its relationship to the contribution of tall convective rain. *Geophys. Res. Lett.*, **33**, L18705.

Takemura, T. et al., 2005：Simulation of climate response to aerosol direct and indirect effects with aerosol transport-radiation model. *J. Geophys. Res.*, **110**, D02202.

Takenaka, H., et al., 2011：Estimation of solar radiation using a neural network based on radiative transfer. *J. Geophys. Res.*, **116**, D08215.

Tao, W.-K. et al., 2006：Retrieval of latent heating from TRMM measurements. *Bull. Amer. Meteor. Soc.*, **87**, 1555-1572.

寺門和夫，2015：宇宙から見た雨　熱帯降雨観測衛星 TRMM 物語，毎日新聞社．

Thordarson, T. and S. Self, 2003：Atmospheric and environmental effects of the 1783-1784 Laki eruption：A review and reassessment. *J. Geophys. Res.*, **108**(D1), 4011.

冨田信之，1993：宇宙システム入門―ロケット・人工衛星の運動，東京大学出版会．

Twomey, S., 1974：Pollution and the planetary albedo. *Atmos. Environ.*, **8**, 1251-1256.

Yuan, T. et al., 2011：Microphysical, macrophysical and radiative signatures of volcanic aerosols in trade wind cumulus observed by the A-Train. *Atmos. Chem. Phys. Discuss.*, **11**, 6415-6455.

Zerefos, C. S. et al., 2007：Atmospheric effects of volcanic eruptions as seen by famous artists and depicted in their paintings. *Atmos. Chem. Phys.*, **7**, 4027-4042.

あとがき

中島が大気に関する衛星観測について，可視・赤外を主としながらも全体をカバーする内容を記した一方，私は衛星からの降水観測について記した．特に1997年から2015年まで稼働した熱帯降雨観測衛星「TRMM（トリム）」，またその後継である全球降水観測計画「GPM」について述べた．TRMMには日本が世界に先駆けて開発した衛星搭載の降雨レーダーが搭載されており，これは現在，GPMの主衛星に搭載されている二周波降水レーダーに発展している．衛星搭載降水レーダーは日本が世界に誇る測器となっている．TRMMのレーダーについてその観測成果とともに技術的な部分も含めて記すことを心がけた．科学的成果のみを述べればよいという考えもあろうが，科学の進歩が技術に支えられていることを示したかった．これは概念的に可能であることを実装することが技術であり，そこでは様々な制限のもとで工夫を凝らしていることを示したかったためである．最新科学，例えば大型加速器実験でもヒッグス粒子の発見などは大いに話題となるが，加速器開発の技術的な面が語られることは少ない．これは片手落ちではないかと考えている．しかしこのために，レーダーの技術的なところはかなり細かい話になり，内容がアンバランスになってしまった面がある．また，私の浅学非才のため，科学と技術の両方を記そうとして，両方が中途半端となってしまっているところがあるかもしれない．

衛星による地球観測は，技術とともに，地球科学と光・電波科学の面がある．つまり目標となる科学，電波科学の基礎のもとで達成するための技術，がある．この辺りを含めることを試みている．この過程では，私の長年にわたる勘違いも発見した．例えば，マイクロ波帯では降雨減衰係数は周波数の2乗で増加する．これは入射波と前方散乱波の干渉で説明できると思っていたが，実際は複素誘電率の変化も加味しなければならないことを知った．私の理解の範囲内で，標準の教科書では書かれていないようなことも入れた．例えばレーダーの送信出力はなぜ数百W以上のオーダーとなるのか，これは検出能力に関係し，検出能力は受信機また背景の「暗さ」で規定されていることを示した．この辺りは必ずしも多くの人々の批評を得ているわけではないので，私の勘違いもある可能性がある．自らの講義録を基にして本にする人が多く，また講義録作成の段階で体系的でかつ誤りも正されていると思うが，私は体系的に講義することが不得意で，トピックスを並べた講義をしている．このため，今回も新たに書き下したところが多く，心配なところがある．皆さまのご叱責を賜りたいと考えている．

まえがきで中島が述べているように，本書は大学生レベルの読者を想定しており，専門書と一般書の間とされている．このため，電車の中でも読める部分を多くしてはあるが，一部は紙に書いて確かめるレベルのものを入れている．必ずしも教科書的に体系づけて書いてはいないが，原理的な部分は教科書的となっている．TRMM，GPM は日米の協力で実行された．このような大きなプロジェクトの進められ方を記すことも意義があろうが，それには別の書籍が既にある．

現在の日本の衛星技術は世界のトップクラスにあり，また衛星地球観測でも大きな実績を持ち，国際的なインフラストラクチャーの一環となってきている．しかし，衛星計画には数百億円レベルの経費がかかり，国の財政事情等から，日本の衛星地球観測の先行きは不透明である．本書が衛星による地球の大気観測の意義を少しでも伝えることができれば幸いである．

草稿の段階では，情報通信研究機構の井口俊夫氏には，特にレーダーの技術的部分に関して，多くの貴重なコメントを頂いた．監修者の一人の中澤哲夫氏には全部にわたりチェックをして頂いた．朝倉書店の編集部には細かくお世話になった．図については宇宙航空研究開発機構から多くを得ている．最後に，私を裏から常に支えている妻，桂子に感謝したい．

2016 年 5 月

中 村 健 治

索　　引

欧　文

A-Train 観測衛星群　42
AGCM　64
AHI　14, 137
AMeDAS　70
AMSR-E　15
AMSR（アムサー）　15
AMSR2　15, 87
Aqua（アクア）　14, 48, 52, 136
AVHRR　13

CALIOP　41
CALIPSO（カリプソ）　15, 41, 57, 136
CERES　52, 77
CFODD　67
CloudSat（クラウドサット）　15, 42, 57, 136
CPR　42

DMSP　15, 136
DPR　140

EarthCARE（アースケア）　47, 57
ENSO　105
ERBE　52
ESMR　86

GCOM-C　27
GLI　13
GMI　140
GOES（ゴーズ）　14, 57
GPM　21, 140
GPROF アルゴリズム　89
GSMaP　92

HEMT　123

ILAS　31
ILAS-II　31
IMG　31, 34
IPCC　107
ITCZ　95

LIS　77
LITE　41
LNA　123

Meteosat（メテオサット）　14, 57
MODIS（モーディス）　14, 48, 52, 139
MTSAT　136

Nd：YAG レーザー　41
NOAA（ノア）　13, 52, 57, 136

PM2.5　22
POLDER（ポルダー）　18, 26
PR　77, 115

S/N 比　123
SGLI　26, 27, 139
SMMR　87
SPCZ　95
SPRINTARS（スプリンターズ）　66
STOA　61
s パラメータ　41

TANSO-FTS　32, 35
Terra（テラ）　14, 52, 68, 136
TIROS（タイロス）　13
TMI　15, 77, 140
TOGA　114
TRMM（トリム）　21, 71, 136

VIIRS　139
VIRS　77
VTIR　13

Z-R 関係　89
Z 因子　120

ア　行

アクア（Aqua）　14, 48, 52, 136
アースケア（EarthCARE）　47, 57
アメダス（AMeDAS）　70
アメリカ国防省気象衛星（DMSP）　15, 136
アルブレヒト効果　58
アンテナ利得　117

いぶき　15, 32, 58, 136
インバージョン（inversion）　2

ウィスクブルーム方式　18
ウィルソンの霧箱　111
ウォーカー循環　97
宇宙情報センター　62
運輸多目的衛星（MTSAT）　136

エアロゾル間接効果　57
衛星搭載降雨レーダー　82
エイヤフィヤトラヨークトル氷河　59
エクマン湧昇　95
エネルギー準位　29

エルニーニョ南方振動(ENSO)　105
円偏光　25

欧州議会科学技術選択評価委員会（STOA）　61
オングストローム指数　22, 65
温室効果　51
温暖化予測　64

カ　行

回転エネルギー　29
改良型大気周縁赤外分光計　31
火山噴火　59
可視光　2
雷　99
雷センサー(LIS)　77
カリプソ（CALIPSO）　15, 41, 57, 136
ガルングン火山　61
乾燥断熱減率　109
観測範囲　139
観測頻度　139

幾何光学散乱理論　6
気候変動観測衛星（GCOM-C）　27
気候モデル　15
軌道　8
軌道要素　75
吸収線　29
吸収モード　86
極軌道　9, 136
極端現象　108
距離分解能　116
キラウェア火山　67
霧島山新燃岳　62

空間解像度　139
空気抵抗　79
雲解像モデル　15
雲識別　45
雲レーダー　39, 42
クラウドサット（CloudSat）　15, 42, 57, 136
繰り返し周波数　131
クレットの方法　41
グレーティングローブ　84
クロストラックスキャン　83

京（けい）　16

降雨減衰　121
降雨減衰補正法　89
降雨レーダー(PR)　77, 115
光学的厚さ　22, 54
高感度　139
黄砂観測　58
航跡雲　68
降雪　128
広帯域放射計　52
高電子移動度トランジスタ（HEMT）　123
高波長分解能分光器　28
高波長分解能放射計　31
後方散乱係数　46
後方散乱断面積　116
ゴーズ（GOES）　14, 57
コニカルスキャン　88
コリオリ力　95

サ　行

サイズパラメータ　6
サウンディング　16, 32
雑音温度　123
雑音指数　123
雑音レベル　122
差分吸収ライダー　40
散乱断面積　120
散乱モード　86

紫外線　2
しずく　136
実効開口面積　118
湿潤断熱減率　110
質量比　80
磁場　2
視野角　72
周波数アジリティ　84
受動型センサー　39
瞬時視野　139
信号対雑音比　123, 139
振動エネルギー　29
森林火災　63

水害　21
スケールハイト　79
ステファン-ボルツマン定数　50
ストークスの抵抗法則　126
ストームトラック　95
スプリンターズ(SPRINTARS)　66

静止軌道　9, 136
赤外線　2
全球降水観測計画（GPM）　21, 140
全球降水マップ　92
潜熱放出　101

層状性　102

タ　行

大気環境モニタリング　57
大気大循環モデル（AGCM）　64
大気の窓　5
ダイナミックレンジ　130, 139
台風　20, 100
太陽定数　50
太陽電池パネル　54
太陽同期軌道　73
太陽同期極軌道　9
太陽非同期軌道　73
太陽放射　3, 5
太陽放射フラックス密度　50
対流性　102
楕円偏光　25
多重散乱　128
タンボラ火山　59
単モーメント法　67

地球放射　3, 5
チャンネル　6
直線偏光　25

ツォルコフスキーの法則　80

低気圧　103
低感度　139
低雑音増幅器　123
デシベル　121
テラ（Terra）　14, 52, 68, 136

天気予報　57
電子エネルギー　29
電子走査方式　83
電磁波　2
電磁波散乱理論　6
電場　2

トゥーミー効果　58, 65, 68
ドップラー機能　131
ドップラー線形　29
ドップラー速度　47

ナ　行

二周波降水レーダー　140
日周変化　98
ニュートンの抵抗法則　126

熱帯降雨観測衛星（TRMM）　21, 71, 136
熱帯収束帯　95

ノア（NOAA）　13, 52, 57, 136
能動型センサー　39

ハ　行

波長位置　139
ハリケーン・カトリーナ　101
パルス圧縮技術　134

ピナツボ火山噴火　59
ひまわり　14, 17, 54, 57
——8号　137
ビーム充満率　128
表面参照法　89

ファラデー回転　134
ファラデー効果　134
フェーズドアレイ方式　83
フェルナルドの方法　41
フォークト線形　29
複モーメント法　67
プッシュブルーム方式　18
フーリエ分光型センサー　31
プロセス実験　65

平衡実験　65
ベイズ推定　89
偏光　24
偏波機能　133

放射エネルギーセンサー（CERES）　52, 77
放射伝達方程式　52
放射伝達理論　6, 7
放射平衡温度　50

マ　行

マイクロ波　2
マイクロ波放射計（TMI）　15, 77, 140
マイケルソン干渉計　31, 35

ミー散乱　128
ミー散乱理論　6
みどり1号　13, 31, 34, 57, 136
みどり2号　13, 22, 57, 63, 136
南太平洋収束帯　95
三原山　62
ミーライダー　40

メソモデル　15
メテオサット（Meteosat）　14, 57

モーメンタムホイール　78
もも　136
——1号　13, 17
モンスーン　104

ヤ　行

有害紫外線　54

予報実験　65

ラ　行

ライダー　39
ライダー方程式　40
ラマンライダー　40

リスクマネジメント　57
リトリーバル（retrieval）　2
粒径分布　126
領域モデル　15
レイリー散乱　120
レイリー散乱理論　6
レーザーレーダー　39
レーダー　39
レーダー反射因子　46, 120
レーダー方程式　116
レンジ　40, 43

ローレンツ線形　29

ワ　行

惑星アルベド　49, 50

編者略歴

なかざわてつお
中澤哲夫

1952年　神奈川県に生まれる
1980年　東京大学大学院理学系研究科論文博士取得
現　在　韓国気象庁国立気象科学院研究委員
理学博士

著者略歴

なかじま たかし
中島　孝

1968年　東京都に生まれる
1994年　東京大学大学院理学系研究科修了
現　在　東海大学情報理工学部教授
博士（理学）

なかむらけんじ
中村健治

1949年　愛媛県に生まれる
1978年　東京大学大学院理学系研究科博士課程修了
現　在　獨協大学経済学部教授
理学博士

気象学の新潮流 3
大気と雨の衛星観測　　定価はカバーに表示

2016年6月20日　初版第1刷

編　者　中　澤　哲　夫
著　者　中　島　　　孝
　　　　中　村　健　治
発行者　朝　倉　誠　造
発行所　株式会社　朝　倉　書　店
東京都新宿区新小川町6-29
郵便番号　162-8707
電　話　03（3260）0141
FAX　03（3260）0180
http://www.asakura.co.jp

〈検印省略〉

教文堂・渡辺製本

ISBN 978-4-254-16773-3　C 3344　Printed in Japan